Matemáticas del Aprendizaje Automático

Introducción a la analítica de datos e inteligencia artificial

Richard Han

CONTENIDO

PREFACIO

Bienvenido a Matemáticas del Aprendizaje Automático: Introducción a la analítica de datos e inteligencia artificial. Este es un texto introductorio en matemáticas para el Aprendizaje Automático. Asegúrese de obtener el curso complementario por medio del sitio web: www.onlinemathtraining.com. El curso en línea puede ser muy útil junto con este libro.

Los requisitos previos para este libro y el curso en línea son álgebra lineal, cálculo multivariable y probabilidad. Puedes encontrar mi curso en línea sobre Álgebra Lineal en el mismo sitio web.

No haremos ninguna programación en este libro.

Este libro le ayudará a comenzar con el Aprendizaje Automático de una manera suave y natural, preparándolo para temas más avanzados y disipando la creencia de que la analítica de datos e inteligencia artificial es complicado, difícil e intimidante.

Quiero que tengas éxito y prosperes en tu carrera, tu vida y tus futuros esfuerzos. Estoy aqui para ti. Visítame en: www.onlinemathtraining.com.

1 - INTRODUCCIÓN

Bienvenido a Matemáticas del Aprendizaje Automático: Introducción a la analítica de datos e inteligencia artificial Mi nombre es Richard Han. Este es un texto introductorio en matemáticas para el Aprendizaje Automático.

Estudiante ideal:

Si usted es un profesional que necesita un resumen sobre el Aprendizaje Automático o un principiante que necesita aprender Aprendizaje Automático por primera vez, este libro es para usted. Si su situación no le permite regresar a una escuela tradicional, este libro le permite estudiar según su propio horario y alcanzar sus metas profesionales sin quedarse atrás.

Si planea tomar el Aprendizaje Automático en la universidad, esta es una excelente manera de avanzar.

Si estás luchando con el Aprendizaje Automático o has luchado con él en el pasado, ahora es el momento de dominarlo.

Beneficios de estudiar este libro:

Después de leer este libro, habrá actualizado su conocimiento de la analítica de datos e inteligencia artificial para que pueda ganar un mejor salario.

Tendrá un requisito previo obligatorio para campos profesionales lucrativos, como la ciencia de datos y la inteligencia artificial.

Estará en una mejor posición para obtener una maestría o un doctorado en Aprendizaje Automático y ciencia de la información.

¿Por qué el Aprendizaje Automático es importante?:

- Los usos famosos del Aprendizaje Automático incluyen:
    - Análisis discriminante lineal. El análisis discriminante lineal puede utilizarse para resolver problemas de clasificación, como el filtrado de spam y la clasificación de enfermedades del paciente.
    - Regresión logística. La regresión logística se puede usar para resolver problemas de

clasificación binaria, como determinar si un paciente tiene cierta forma de cáncer o no.

o Redes neuronales artificiales. Las redes neuronales artificiales se pueden usar para aplicaciones tales como autos de conducción automática, sistemas de recomendación, mercadeo en línea, lectura de imágenes médicas, habla y reconocimiento facial.

o Máquinas de vectores de soporte (SVM). Las aplicaciones de los SVM incluyen la clasificación de proteínas y la clasificación de imágenes.

Lo que mi libro ofrece:

En este libro, cubro temas principales como:

- **Regresión Lineal**
- **Análisis Discriminante Lineal**
- **Regresión Logística**
- **Redes neuronales artificiales**
- **Máquinas de vectores de soporte**

Explico cada definición y completo cada ejemplo paso a paso para que entienda cada tema con claridad. A lo largo del libro, hay ejercicios para que practiques. Se proporcionan soluciones detalladas después de cada conjunto de ejercicios.

Espero que te beneficies del libro.

Atentamente,

Richard

2 – REGRESIÓN LINEAL

REGRESIÓN LINEAL

Supongamos que tenemos un conjunto de datos $(x_1, y_1), \ldots, (x_N, y_N)$. Esto se llama los datos de entrenamiento.

Cada x_i es un vector $\begin{bmatrix} x_{i1} \\ x_{i2} \\ \vdots \\ x_{ip} \end{bmatrix}$ de medidas, donde x_{i1} es una instancia del primer variable de entrada X_1, x_{i2} es una instancia del segundo variable de entrada X_2, etc. $X_1, \ldots, X_p$ se conocen como *caracteristicas* or *predictores*.

$y_1, \ldots, y_N$ son instancias del variable de salida Y, que se conoce como la *respuesta*.

En regresión lineal, suponemos que la respuesta depende de las variables de entrada de forma lineal: $y = f(X) + \varepsilon$, donde $f(X) = \beta_0 + \beta_1 X_1 + \cdots + \beta_p X_p$.

Aquí, ε se conoce como el *término de error* y $\beta_0, \ldots, \beta_p$ se conoce como *parámetros.*

No sabemos los valores de $\beta_0, \ldots, \beta_p$. Pero podemos usar los datos de entrenamiento para aproximar los valores de $\beta_0, \ldots, \beta_p$. Lo que haremos es mirar la cantidad por la cual el valor predicho $f(x_i)$ se difiere de la cantidad actual y_i para cada par $(x_1, y_1), \ldots, (x_N, y_N)$ de los datos de entrenamiento. Asi que tenenmos $y_i - f(x_i)$ como la diferencia. Luego cuadramos esto y tomamos la suma para $i = 1, \ldots, N$:

$$\sum_{i=1}^{N} \left(y_i - f(x_i) \right)^2$$

Esto se llama la *suma residual de cuadrados* y se denota como $RSS(\beta)$ donde $\beta = \begin{bmatrix} \beta_0 \\ \beta_1 \\ \vdots \\ \beta_p \end{bmatrix}$.

Queremos que la suma de cuadrados residual sea los más pequeña possible. Esencialmente, esto significa que queremos nuestro valor predicho $f(x_i)$ que sea los más cercano al valor real y_i posible, por cada uno de los pares (x_i, y_i). Hacer esto nos dará una función lineal de las variables de entrada que mejor se adapten a los datos de entrenamiento. En el caso de una sola variable de entrada, obtenemos la mejor línea de ajuste. En el caso de dos variables de entrada, obtenemos el mejor plano de ajuste. Y así sucesivamente, para dimensiones más altas.

METODO DE LOS MÍNIMOS CUADRADOS

Minimizando $RSS(\beta)$, podemos obtener estimaciones $\widehat{\beta_0}, \widehat{\beta_1}, \dots, \widehat{\beta_p}$ para los parámetros $\beta_0, \dots, \beta_p$.
Este metodo se llama el ***metodo de los mínimos cuadrados***.

Deja que $X = \begin{bmatrix} 1 & x_{11} & x_{12} & \cdots & x_{1p} \\ 1 & x_{21} & x_{22} & \cdots & x_{2p} \\ \vdots & & & & \\ 1 & x_{N1} & x_{N2} & \cdots & x_{Np} \end{bmatrix}$ y deja que $\boldsymbol{y} = \begin{bmatrix} y_1 \\ \vdots \\ y_N \end{bmatrix}$.

Entonces $\boldsymbol{y} - X\beta = \begin{bmatrix} y_1 \\ \vdots \\ y_N \end{bmatrix} - \begin{bmatrix} 1 & x_{11} & x_{12} & \cdots & x_{1p} \\ 1 & x_{21} & x_{22} & \cdots & x_{2p} \\ \vdots & & & & \\ 1 & x_{N1} & x_{N2} & \cdots & x_{Np} \end{bmatrix} \begin{bmatrix} \beta_0 \\ \beta_1 \\ \vdots \\ \beta_p \end{bmatrix}$

$$= \begin{bmatrix} y_1 \\ \vdots \\ y_N \end{bmatrix} - \begin{bmatrix} \beta_0 + \beta_1 x_{11} + \cdots + \beta_p x_{1p} \\ \beta_0 + \beta_1 x_{21} + \cdots + \beta_p x_{2p} \\ \vdots \\ \beta_0 + \beta_1 x_{N1} + \cdots + \beta_p x_{Np} \end{bmatrix}$$

$$= \begin{bmatrix} y_1 \\ \vdots \\ y_N \end{bmatrix} - \begin{bmatrix} f(x_1) \\ f(x_2) \\ \vdots \\ f(x_N) \end{bmatrix}$$

$$= \begin{bmatrix} y_1 - f(x_1) \\ \vdots \\ y_N - f(x_N) \end{bmatrix}$$

Asi que $(\boldsymbol{y} - X\beta)^T (\boldsymbol{y} - X\beta) = \sum_{i=1}^{N} \big(y_i - f(x_i)\big)^2 = RSS(\beta)$

$\implies \quad RSS(\beta) = (\boldsymbol{y} - X\beta)^T (\boldsymbol{y} - X\beta).$

Considera el vector de derivadas parciales de $RSS(\beta)$:

$$\begin{bmatrix} \dfrac{\partial RSS(\beta)}{\partial \beta_0} \\[2ex] \dfrac{\partial RSS(\beta)}{\partial \beta_1} \\[1ex] \vdots \\[1ex] \dfrac{\partial RSS(\beta)}{\partial \beta_p} \end{bmatrix}$$

$$RSS(\beta) = \Big(y_1 - \big(\beta_0 + \beta_1 x_{11} + \cdots + \beta_p x_{1p}\big)\Big)^2 + \cdots + \Big(y_N - \big(\beta_0 + \beta_1 x_{N1} + \cdots + \beta_p x_{Np}\big)\Big)^2$$

Tomemos la derivada parcial con respecto a β_0.

$$\frac{\partial RSS(\beta)}{\partial \beta_0} = 2\left(y_1 - \left(\beta_0 + \beta_1 x_{11} + \cdots + \beta_p x_{1p}\right)\right) \cdot (-1) + \cdots + 2(y_N - \left(\beta_0 + \beta_1 x_{N1} + \cdots + \beta_p x_{Np}\right)) \cdot (-1)$$

$$= -2 \cdot [1 \quad \cdots \quad 1](\boldsymbol{y} - X\beta)$$

Después, toma la derivada parcial con respecto a β_1.

$$\frac{\partial RSS(\beta)}{\partial \beta_1} = 2\left(y_1 - \left(\beta_0 + \beta_1 x_{11} + \cdots + \beta_p x_{1p}\right)\right) \cdot (-x_{11}) + \cdots + 2(y_N - \left(\beta_0 + \beta_1 x_{N1} + \cdots + \beta_p x_{Np}\right)) \cdot (-x_{N1})$$

$$= -2[x_{11} \quad \cdots \quad x_{N1}] \cdot (\boldsymbol{y} - X\beta)$$

En general, $\frac{\partial RSS(\beta)}{\partial \beta_k} = -2[x_{1k} \quad \cdots \quad x_{Nk}] \cdot (\boldsymbol{y} - X\beta)$

Asi que,

$$\begin{bmatrix} \frac{\partial RSS(\beta)}{\partial \beta_0} \\ \frac{\partial RSS(\beta)}{\partial \beta_1} \\ \vdots \\ \frac{\partial RSS(\beta)}{\partial \beta_p} \end{bmatrix} = \begin{bmatrix} -2 \cdot [1 \quad \cdots \quad 1](\boldsymbol{y} - X\beta) \\ -2[x_{11} \quad \cdots \quad x_{N1}](\boldsymbol{y} - X\beta) \\ \vdots \\ -2[x_{1p} \quad \cdots \quad x_{Np}](\boldsymbol{y} - X\beta) \end{bmatrix}$$

$$= -2 \begin{bmatrix} 1 & \cdots & 1 \\ x_{11} & \cdots & x_{N1} \\ & \vdots & \\ x_{1p} & \cdots & x_{Np} \end{bmatrix} (\boldsymbol{y} - X\beta)$$

$$= -2X^T(\boldsymbol{y} - X\beta)$$

Si tomamos la segunda derivada de $RSS(\beta)$, que es $\frac{\partial^2 RSS(\beta)}{\partial \beta_k \partial \beta_j}$, obtenemos

$$\frac{\partial}{\partial \beta_j}(2\left(y_1 - \left(\beta_0 + \beta_1 x_{11} + \cdots + \beta_p x_{1p}\right)\right) \cdot (-x_{1k}) + \cdots + 2\left(y_N - \left(\beta_0 + \beta_1 x_{N1} + \cdots + \beta_p x_{Np}\right)\right) \cdot (-x_{Nk}))$$

$$= 2x_{1j}x_{1k} + \cdots + 2x_{Nj}x_{Nk}$$

$$= 2(x_{1j}x_{1k} + \cdots + x_{Nj}x_{Nk})$$

Tenga en cuenta que $X = \begin{bmatrix} x_{10} & x_{11} & x_{12} & \cdots & x_{1p} \\ x_{20} & x_{21} & x_{22} & \cdots & x_{2p} \\ \vdots & & & & \\ x_{N0} & x_{N1} & x_{N2} & \cdots & x_{Np} \end{bmatrix}$

$$\Rightarrow \quad X^T X = \begin{bmatrix} x_{10} & x_{20} & \cdots & x_{N0} \\ x_{11} & x_{21} & \cdots & x_{N1} \\ \vdots & & & \\ x_{1p} & x_{2p} & \cdots & x_{Np} \end{bmatrix} \begin{bmatrix} x_{10} & x_{11} & \cdots & x_{1p} \\ x_{20} & x_{21} & \cdots & x_{2p} \\ \vdots & & & \\ x_{N0} & x_{N1} & \cdots & x_{Np} \end{bmatrix}$$

$$= (a_{jk}) \qquad \text{donde } a_{jk} = x_{1j}x_{1k} + \cdots + x_{Nj}x_{Nk}$$

So $\dfrac{\partial^2 RSS(\beta)}{\partial \beta_k \partial \beta_j} = 2a_{jk}$

$\Longrightarrow$ La matriz de segundas derivadas de $RSS(\beta)$ es $2X^T X$. Ésta matriz se llama la ***matriz hessiana***. Por la segunda prueba derivada, si la matriz hessiana de $RSS(\beta)$ en un punto crítico es positivo definitivamente, entonces $RSS(\beta)$ tiene un mínimo local allí.

Si configuramos nuestro vector de derivados a **0**, obtenemos

$$-2X^T(\boldsymbol{y} - X\beta) = \boldsymbol{0}$$
$$\Longrightarrow \quad -2X^T\boldsymbol{y} + 2X^T X\beta = \boldsymbol{0}$$
$$\Longrightarrow \quad 2X^T X\beta = 2X^T\boldsymbol{y}$$
$$\Longrightarrow \quad X^T X\beta = X^T\boldsymbol{y}$$
$$\Longrightarrow \quad \beta = (X^T X)^{-1} X^T\boldsymbol{y}.$$

Así, resolvimos para el vector de parámetros $\begin{bmatrix} \beta_0 \\ \beta_1 \\ \vdots \\ \beta_p \end{bmatrix}$ que minimiza la suma residual de cuadrados $RSS(\beta)$.

Entonces dejamos que $\begin{bmatrix} \widehat{\beta_0} \\ \widehat{\beta_1} \\ \vdots \\ \widehat{\beta_p} \end{bmatrix} = (X^T X)^{-1} X^T\boldsymbol{y}.$

SOLUCIÓN USANDO ÁLGEBRA LINEAL PARA MÍNIMOS CUADRADOS

Podemos llegar a la misma solución para el problema de mínimos cuadrados utilizando álgebra lineal.

Deja que $X = \begin{bmatrix} 1 & x_{11} & x_{12} & \cdots & x_{1p} \\ 1 & x_{21} & x_{22} & \cdots & x_{2p} \\ \vdots & & & & \\ 1 & x_{N1} & x_{N2} & \cdots & x_{Np} \end{bmatrix}$ y deja que $\boldsymbol{y} = \begin{bmatrix} y_1 \\ \vdots \\ y_N \end{bmatrix}$ como antes, de nuestro datos de entrenamiento. Queremos un vector β donde $X\beta$ es cercano a $\boldsymbol{y}$. En otras palabras, queremos un vector β tal que la distancia $\|X\beta - \boldsymbol{y}\|$ entre $X\beta$ y entre $\boldsymbol{y}$ está minimizado. Un vector β que minimiza $\|X\beta - \boldsymbol{y}\|$ se llama una ***solución de mínimos cuadrados*** de $X\beta = \boldsymbol{y}$.

X es una matriz con dimensiones N por $(p+1)$. Queremos un $\hat{\beta}$ en $\mathbb{R}^{p+1}$ tal que $X\hat{\beta}$ es el más cercano a $\boldsymbol{y}$. Nota que $X\hat{\beta}$ es una combinación lineal de las columnas de X. Entonces $X\hat{\beta}$ se encuentra en el lapso de las columnas de X, que es un subespacio de $\mathbb{R}^N$ denotado como $Col\, X$. Entonces queremos el vector en $Col X$ que es más cercano a $\mathbf{y}$. La proyección de $\mathbf{y}$ en el subespacio $Col X$ es esl vector.

$$proj_{Col X}\mathbf{y} = X\hat{\beta} \text{ por algún } \hat{\beta} \in \mathbb{R}^{p+1}.$$

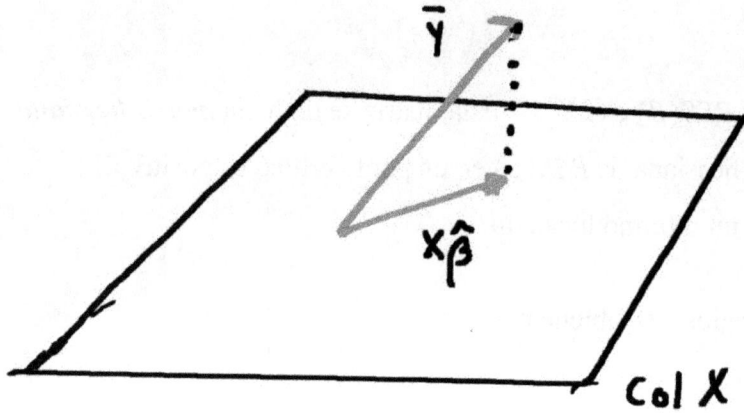

Considera $\mathbf{y} - X\hat{\beta}$. Nota que $\mathbf{y} = X\hat{\beta} + (\mathbf{y} - X\hat{\beta})$.

$\mathbb{R}^N$ se puede dividir en dos subespacios $Col X$ y $(Col X)^\perp$, donde $(Col X)^\perp$ es el subespacio de $\mathbb{R}^N$ que consiste en todos los vectores que son ortogonales a los vectores en $Col X$. Cualquier vector en $\mathbb{R}^N$ puede ser escrito únicamente como $\mathbf{z} + \mathbf{w}$ donde $\mathbf{z} \in Col X$ y $\mathbf{w} \in (Col X)^\perp$.

Ya que $\mathbf{y} \in \mathbb{R}^N$, y $\mathbf{y} = X\hat{\beta} + (\mathbf{y} - X\hat{\beta})$, con $X\hat{\beta} \in Col X$, el segundo vector $\mathbf{y} - X\hat{\beta}$ debe estar en $(Col X)^\perp$.

$\Rightarrow$ $\quad \mathbf{y} - X\hat{\beta}$ es ortogonal a las columnas de X.

$\Rightarrow$ $\quad X^T(\mathbf{y} - X\hat{\beta}) = \mathbf{0}$

$\Rightarrow$ $\quad X^T\mathbf{y} - X^TX\hat{\beta} = \mathbf{0}$.

$\Rightarrow$ $\quad X^TX\hat{\beta} = X^T\mathbf{y}$.

Así, resulta que el conjunto de soluciones de mínimos cuadrados de $X\beta = \mathbf{y}$ Consiste en todas y solo las soluciones a la ecuación matricial $X^TX\beta = X^T\mathbf{y}$.

Sí X^TX es positive por seguro, entonces los valores propios de X^TX son todos positivos. Así, 0 no es un valor propio de X^TX. Resulta que X^TX es invertible. Entonces, podemos resolver la ecuación $X^TX\hat{\beta} = X^T\mathbf{y}$ por $\hat{\beta}$ para obtener $\hat{\beta} = (X^TX)^{-1}X^T\mathbf{y}$, que es el mismo resultado que obtuvimos antes usando el cálculo multivariable.

EJEMPLO: REGRESIÓN LINEAL

Supongamos que tenemos los siguientes datos de entrenamiento:

$(x_1, y_1) = (1, 1), (x_2, y_2) = (2, 4), (x_3, y_3) = (3, 4)$.

Encuentra la mejor línea de ajuste usando el método de mínimos cuadrados Encuentra el valor predicho para $x = 4$.

Solución:

Forma $X = \begin{bmatrix} 1 & 1 \\ 1 & 2 \\ 1 & 3 \end{bmatrix}$ y forma $\boldsymbol{y} = \begin{bmatrix} 1 \\ 4 \\ 4 \end{bmatrix}$.

Los coeficientes β_0, β_1 para la mejor línea de ajuste $f(x) = \beta_0 + \beta_1 x$ son dados por $\begin{bmatrix} \beta_0 \\ \beta_1 \end{bmatrix} = (X^T X)^{-1} X^T \boldsymbol{y}$.

$X^T = \begin{bmatrix} 1 & 1 & 1 \\ 1 & 2 & 3 \end{bmatrix}$

$$\implies X^T X = \begin{bmatrix} 1 & 1 & 1 \\ 1 & 2 & 3 \end{bmatrix}\begin{bmatrix} 1 & 1 \\ 1 & 2 \\ 1 & 3 \end{bmatrix} = \begin{bmatrix} 3 & 6 \\ 6 & 14 \end{bmatrix}$$

$$\implies (X^T X)^{-1} = \begin{bmatrix} 7/3 & -1 \\ -1 & 1/2 \end{bmatrix}$$

$$\implies (X^T X)^{-1} X^T \boldsymbol{y} = \begin{bmatrix} 7/3 & -1 \\ -1 & 1/2 \end{bmatrix}\begin{bmatrix} 1 & 1 & 1 \\ 1 & 2 & 3 \end{bmatrix}\begin{bmatrix} 1 \\ 4 \\ 4 \end{bmatrix}$$

$$= \begin{bmatrix} 0 \\ 3/2 \end{bmatrix}$$

$$\implies \beta_0 = 0 \text{ y } \beta_1 = 3/2.$$

Así, la mejor línea de ajuste está dada por $f(x) = \left(\frac{3}{2}\right) x$.

El valor predicho para $x = 4$ es $f(4) = \left(\frac{3}{2}\right) \cdot 4 = 6$.

RESUMEN: REGRESIÓN LINEAL

- En el método de mínimos cuadrados, buscamos una función lineal de las variables de entrada que mejor se adapte a los datos de entrenamiento dados. Hacemos esto minimizando la suma residual de cuadrados.

- Para minimizar la suma de cuadrados residual, aplicamos la segunda prueba derivada del cálculo multivariable.

- Podemos llegar a la misma solución para el problema de los mínimos cuadrados utilizando álgebra lineal.

EJERCICIOS: REGRESIÓN LINEAL

1. Supongamos que tenemos los siguientes datos de entrenamiento:

   $(x_1, y_1) = (0, 2), (x_2, y_2) = (1, 1),$

   $(x_3, y_3) = (2, 4), (x_4, y_4) = (3, 4).$

   Encuentra la mejor línea de ajuste usando el método de mínimos cuadrados. Encuentra el valor predicho para $x = 4$.

2. Supongamos que tenemos los siguientes datos de entrenamiento:

   $(x_1, y_1), (x_2, y_2), (x_3, y_3)$ donde
   $$x_1 = \begin{bmatrix} 0 \\ 0 \end{bmatrix}, x_2 = \begin{bmatrix} 1 \\ 0 \end{bmatrix}, x_3 = \begin{bmatrix} 0 \\ 1 \end{bmatrix}, x_4 = \begin{bmatrix} 1 \\ 1 \end{bmatrix}$$
   $y_1 = 1, y_2 = 0, y_3 = 0, y_4 = 2.$

   Encuentra el plano de mejor ajuste usando el método de mínimos cuadrados. Encuentra el valor predicho para $x = \begin{bmatrix} 2 \\ 2 \end{bmatrix}$.

SOLUCIÓN: REGRESIÓN LINEAL

1. Forma $X = \begin{bmatrix} 1 & 0 \\ 1 & 1 \\ 1 & 2 \\ 1 & 3 \end{bmatrix}$ y forma $\boldsymbol{y} = \begin{bmatrix} 2 \\ 1 \\ 4 \\ 4 \end{bmatrix}$.

Los coeficientes β_0, β_1 para la mejor línea de ajuste $f(x) = \beta_0 + \beta_1 x$ son dados por $\begin{bmatrix} \beta_0 \\ \beta_1 \end{bmatrix} = (X^T X)^{-1} X^T \boldsymbol{y}$.

$$X^T = \begin{bmatrix} 1 & 1 & 1 & 1 \\ 0 & 1 & 2 & 3 \end{bmatrix} \implies X^T X = \begin{bmatrix} 1 & 1 & 1 & 1 \\ 0 & 1 & 2 & 3 \end{bmatrix} \begin{bmatrix} 1 & 0 \\ 1 & 1 \\ 1 & 2 \\ 1 & 3 \end{bmatrix} = \begin{bmatrix} 4 & 6 \\ 6 & 14 \end{bmatrix}$$

$$\implies (X^T X)^{-1} = \begin{bmatrix} \frac{7}{10} & -\frac{3}{10} \\ -\frac{3}{10} & \frac{1}{5} \end{bmatrix}$$

$$\implies (X^T X)^{-1} X^T \boldsymbol{y} = \begin{bmatrix} \frac{7}{10} & -\frac{3}{10} \\ -\frac{3}{10} & \frac{1}{5} \end{bmatrix} \begin{bmatrix} 1 & 1 & 1 & 1 \\ 0 & 1 & 2 & 3 \end{bmatrix} \begin{bmatrix} 2 \\ 1 \\ 4 \\ 4 \end{bmatrix}$$

$$= \begin{bmatrix} \frac{14}{10} \\ \frac{9}{10} \end{bmatrix}$$

$$\implies \beta_0 = \frac{14}{10} \quad y \quad \beta_1 = \frac{9}{10}.$$

Así, la mejor línea de ajuste está dada por

$$f(x) = \frac{14}{10} + \frac{9}{10} x$$

El valor predicho para $x = 4$ es $f(4) = \frac{14}{10} + \frac{9}{10} \cdot 4 = 5$.

2. Forma $X = \begin{bmatrix} 1 & 0 & 0 \\ 1 & 1 & 0 \\ 1 & 0 & 1 \\ 1 & 1 & 1 \end{bmatrix}$ y forma $\boldsymbol{y} = \begin{bmatrix} 1 \\ 0 \\ 0 \\ 2 \end{bmatrix}$.

Los coeficientes $\beta_0, \beta_1, \beta_2$ para la mejor línea de ajuste $f(x_1, x_2) = \beta_0 + \beta_1 x_1 + \beta_2 x_2$ son dados por $\begin{bmatrix} \beta_0 \\ \beta_1 \\ \beta_2 \end{bmatrix} = (X^T X)^{-1} X^T \boldsymbol{y}$.

$$X^T = \begin{bmatrix} 1 & 1 & 1 & 1 \\ 0 & 1 & 0 & 1 \\ 0 & 0 & 1 & 1 \end{bmatrix} \implies X^T X = \begin{bmatrix} 1 & 1 & 1 & 1 \\ 0 & 1 & 0 & 1 \\ 0 & 0 & 1 & 1 \end{bmatrix} \begin{bmatrix} 1 & 0 & 0 \\ 1 & 1 & 0 \\ 1 & 0 & 1 \\ 1 & 1 & 1 \end{bmatrix} = \begin{bmatrix} 4 & 2 & 2 \\ 2 & 2 & 1 \\ 2 & 1 & 2 \end{bmatrix}$$

$$\Rightarrow (X^TX)^{-1} = \begin{bmatrix} \frac{3}{4} & -\frac{1}{2} & -\frac{1}{2} \\ -\frac{1}{2} & 1 & 0 \\ -\frac{1}{2} & 0 & 1 \end{bmatrix}$$

$$\Rightarrow (X^TX)^{-1}X^T\boldsymbol{y} = \begin{bmatrix} \frac{3}{4} & -\frac{1}{2} & -\frac{1}{2} \\ -\frac{1}{2} & 1 & 0 \\ -\frac{1}{2} & 0 & 1 \end{bmatrix}\begin{bmatrix} 1 & 1 & 1 & 1 \\ 0 & 1 & 0 & 1 \\ 0 & 0 & 1 & 1 \end{bmatrix}\begin{bmatrix} 1 \\ 0 \\ 0 \\ 2 \end{bmatrix}$$

$$= \begin{bmatrix} \frac{3}{4} & \frac{1}{4} & \frac{1}{4} & -\frac{1}{4} \\ -\frac{1}{2} & \frac{1}{2} & -\frac{1}{2} & \frac{1}{2} \\ -\frac{1}{2} & -\frac{1}{2} & \frac{1}{2} & \frac{1}{2} \end{bmatrix}\begin{bmatrix} 1 \\ 0 \\ 0 \\ 2 \end{bmatrix}$$

$$= \begin{bmatrix} \frac{1}{4} \\ \frac{1}{2} \\ \frac{1}{2} \end{bmatrix}$$

$$\Rightarrow \beta_0 = \frac{1}{4} \quad , \quad \beta_1 = \frac{1}{2}, \beta_2 = \frac{1}{2}$$

Así, el mejor plano de ajuste está dado por
$$f(x_1, x_2) = \frac{1}{4} + \frac{1}{2}x_1 + \frac{1}{2}x_2$$

El valor predicho para $x = \begin{bmatrix} 2 \\ 2 \end{bmatrix}$ es $f(2, 2) = 2\frac{1}{4}$.

3 – ANÁLISIS DISCRIMINANTE LINEAL

CLASIFICACIÓN

En el problema de la regresión, teníamos un conjunto de datos $(x_1, y_1), \ldots, (x_N, y_N)$ y queríamos predecir los valores para la variable de respuesta Y para los nuevos datos. Los valores que toma Y fueron valores numericos y cuantitativos. En ciertos problemas, los valores para la variable de respuesta Y que queremos predecir no son cuantitativos sino cualitativos. Así que los valores para Y tomará los valores de un conjunto finito de clases o categorías. Problemas de este tipo se conocen como **problemas de clasificacion**. Algunos ejemplos de un problema de clasificación son clasificar un correo electrónico como spam o no spam y clasificar la enfermedad de un paciente como uno de entre un número finito de enfermedades.

ANÁLISIS DISCRIMINANTE LINEAL (LDA)

Un método para resolver un problema de clasificación se llama **análisis discriminante lineal**.

Lo que haremos es estimar $\Pr(Y = k | X = x)$, la probabilidad que Y es la clase k dado que la variable de entrada X es x. Una vez que tenemos todas estas probabilidades para un x fijo, escojemos la clase k para lo cual la probabilidad $\Pr(Y = k | X = x)$ es más grande. Entonces clasificamos x como la clase k.

LAS FUNCIONES DE PROBABILIDAD POSTERIOR

En esta sección, construiremos una fórmula para la probabilidad posterior $\Pr(Y = k | X = x)$.

Deja que $\pi_k = \Pr(Y = k)$, la probabilidad previa de que $Y = k$.

Deja que $f_k(x) = \Pr(X = x | Y = k)$, la probabilidad que $X = x$, dado que $Y = k$.

Por la regla Bayes,

$$\Pr(Y = k | X = x) = \frac{\Pr(X = x | Y = k) \cdot \Pr(Y = k)}{\sum_{l=1}^{K} \Pr(X = x | Y = l) \Pr(Y = l)}$$

Aquí suponemos que k puede asumir los valores $1, \ldots, K$.

$$= \frac{f_k(x) \cdot \pi_k}{\sum_{l=1}^{K} f_l(x) \cdot \pi_l}$$

$$= \frac{\pi_k \cdot f_k(x)}{\sum_{l=1}^{K} \pi_l f_l(x)}$$

Podemos pensar en $\Pr(Y = k | X = x)$ como una función de x y denotarlo como $p_k(x)$.

Entonces $p_k(x) = \frac{\pi_k \cdot f_k(x)}{\sum_{l=1}^{K} \pi_l f_l(x)}$. Recuerda que $p_k(x)$ es la probabilidad posterior de que $Y = k$ dado que $X = x$.

MODELANDO LAS FUNCIONES DE PROBABILIDAD POSTERIOR

Recuerda que queríamos estimar $\Pr(Y = k | X = x)$ por cualquier x. Es decir, queremos una estimación para $p_k(x)$. Si podemos obtener estimaciones para $\pi_k, f_k(x), \pi_l$ y para $f_l(x)$ por cada $l = 1, \ldots, K$, entonces tendríamos un estimado para $p_k(x)$.

Digamos que $X = (X_1, X_2, \ldots, X_p)$ donde $X_1, \ldots, X_p$ son las variables de entrada. Así que los valores de X serán vectores de p elementos.

Supondremos que la distribución condicional de X dado por $Y = k$ es la distribución gaussiana multivariable $N(\mu_k, \Sigma)$, donde μ_k es un vector medio específico de clase y Σ es la covarianza de X.

El vector medio específico de clase μ_k está dada por el vector de los medios específicos de la clase $\begin{bmatrix} \mu_{k1} \\ \vdots \\ \mu_{kp} \end{bmatrix}$, donde μ_{kj} es el medio específico de la clase X_j.

Entonces $\mu_{kj} = \sum_{i: y_i = k} x_{ij} \Pr(X_j = x_{ij})$. Recuerda que $x_i = \begin{bmatrix} x_{i1} \\ \vdots \\ x_{ip} \end{bmatrix}$. (Para todos x_i por cual $y_i = k$, estamos tomando el medio de su jth componentes.)

Σ, la matriz de covarianza de X, está dada por la matriz de covarianzas de X_i y de X_j.

Así $\Sigma = (a_{ij})$, donde $a_{ij} = Cov(X_i, X_j) \overset{\text{def}}{=} E[(X_i - \mu_{X_i})(X_j - \mu_{X_j})]$.

La densidad gaussiana multivariable está dada por

$$f(x) = \frac{1}{(2\pi)^{\frac{p}{2}} |\Sigma|^{\frac{1}{2}}} e^{-\frac{1}{2}(x-\mu)^T \Sigma^{-1}(x-\mu)}$$

para la distribución gaussiana multivariable distribution $N(\mu, \Sigma)$.

Dado que estamos asumiendo que la distribución condicional de X dado que $Y = k$ es la distribución gaussiana multivariable $N(\mu_k, \Sigma)$, tenemos que

$$\Pr(X = x | Y = k) = \frac{1}{(2\pi)^{\frac{p}{2}} |\Sigma|^{\frac{1}{2}}} e^{-\frac{1}{2}(x-\mu_k)^T \Sigma^{-1}(x-\mu_k)}.$$

Recuerda que $f_k(x) = \Pr(X = x | Y = k)$.

Así $f_k(x) = \frac{1}{(2\pi)^{\frac{p}{2}} |\Sigma|^{\frac{1}{2}}} e^{-\frac{1}{2}(x-\mu_k)^T \Sigma^{-1}(x-\mu_k)}$.

Recuerda que $p_k(x) = \frac{\pi_k \cdot f_k(x)}{\sum_{l=1}^{K} \pi_l f_l(x)}$.

Conectando lo que tenemos para $f_k(x)$, tenemos que

$$p_k(x) = \frac{\pi_k \cdot \dfrac{1}{(2\pi)^{\frac{p}{2}}|\Sigma|^{\frac{1}{2}}} e^{-\frac{1}{2}(x-\mu_k)^T \Sigma^{-1}(x-\mu_k)}}{\sum_{l=1}^{K} \pi_l \cdot \dfrac{1}{(2\pi)^{\frac{p}{2}}|\Sigma|^{\frac{1}{2}}} e^{-\frac{1}{2}(x-\mu_l)^T \Sigma^{-1}(x-\mu_l)}}$$

$$= \frac{\pi_k \cdot e^{-\frac{1}{2}(x-\mu_k)^T \Sigma^{-1}(x-\mu_k)}}{\sum_{l=1}^{K} \pi_l \cdot e^{-\frac{1}{2}(x-\mu_l)^T \Sigma^{-1}(x-\mu_l)}} \; .$$

Tenga en cuenta que el denominador es $(2\pi)^{\frac{p}{2}}|\Sigma|^{\frac{1}{2}} \sum_{l=1}^{K} \pi_l f_l(x)$ y que

$$\sum_{l=1}^{K} \pi_l f_l(x) = \sum_{l=1}^{K} f_l(x)\pi_l$$

$$= \sum_{l=1}^{K} \Pr(X = x | Y = l) \Pr(Y = l)$$

$$= \Pr(X = x).$$

Así que el denominador es justo $(2\pi)^{\frac{p}{2}}|\Sigma|^{\frac{1}{2}} \Pr(X = x)$.

Entonces, $p_k(x) = \dfrac{\pi_k \cdot e^{-\frac{1}{2}(x-\mu_k)^T \Sigma^{-1}(x-\mu_k)}}{(2\pi)^{\frac{p}{2}}|\Sigma|^{\frac{1}{2}} Pr(X=x)}$

FUNCIONES LINEALES DISCRIMINANTES

Recordemos que queremos elegir la clase k para lo cual la probabilidad posterior $p_k(x)$ es más grande. Dado que la función de logaritmo conserva la orden, maximizando $p_k(x)$ es igual a maximizando $\log p_k(x)$.

Tomando $\log p_k(x)$ nos da $\log \dfrac{\pi_k \cdot e^{-\frac{1}{2}(x-\mu_k)^T \Sigma^{-1}(x-\mu_k)}}{(2\pi)^{\frac{p}{2}}|\Sigma|^{\frac{1}{2}} Pr(X=x)}$

$$= \log \pi_k + \left(-\frac{1}{2}\right)(x-\mu_k)^T \Sigma^{-1}(x-\mu_k) - \log\left((2\pi)^{\frac{p}{2}}|\Sigma|^{\frac{1}{2}}\text{Pr}(X=x)\right)$$

$$= log\, \pi_k + \left(-\frac{1}{2}\right)(x-\mu_k)^T \Sigma^{-1}(x-\mu_k) - \log C \qquad \text{donde } C = (2\pi)^{\frac{p}{2}}|\Sigma|^{\frac{1}{2}}Pr(X=x).$$

$$= \log \pi_k - \frac{1}{2}(x^T\Sigma^{-1} - \mu_k^T\Sigma^{-1})(x-\mu_k) - \log C$$

$$= \log \pi_k - \frac{1}{2}[x^T\Sigma^{-1}x - x^T\Sigma^{-1}\mu_k - \mu_k^T\Sigma^{-1}x + \mu_k^T\Sigma^{-1}\mu_k] - \log C$$

$$= log\, \pi_k - \frac{1}{2}[x^T\Sigma^{-1}x - 2x^T\Sigma^{-1}\mu_k + \mu_k^T\Sigma^{-1}\mu_k] - log\, C,$$

porque $x^T\Sigma^{-1}\mu_k = \mu_k^T\Sigma^{-1}x$
Demonstracion: $x^T\Sigma^{-1}\mu_k = \mu_k(\Sigma^{-1})^T x$
$= \mu_k^T(\Sigma^T)^{-1}x$
$= \mu_k^T\Sigma^{-1}x$ porque Σ es simétrico.

$$= \log \pi_k - \frac{1}{2}x^T\Sigma^{-1}x + x^T\Sigma^{-1}\mu_k - \frac{1}{2}\mu_k^T\Sigma^{-1}\mu_k - \log C$$

$$= x^T\Sigma^{-1}\mu_k - \frac{1}{2}\mu_k^T\Sigma^{-1}\mu_k + \log \pi_k - \frac{1}{2}x^T\Sigma^{-1}x - \log C$$

Deja que $\delta_k(x) = x^T\Sigma^{-1}\mu_k - \frac{1}{2}\mu_k^T\Sigma^{-1}\mu_k + log\, \pi_k$.

Entonces $\log p_k(x) = \delta_k(x) - \frac{1}{2}x^T\Sigma^{-1}x - log\, C$.

$\delta_k(x)$ se conoce como la ***funcion lineal discriminante***. Maximizando $\log p_k(x)$ es igual a maximizando $\delta_k(x)$ porque $-\frac{1}{2}x^T\Sigma^{-1}x - \log C$ no depende en k.

ESTIMACIÓN DE LAS FUNCIONES DISCRIMINANTES LINEALES

Ahora, si podemos encontrar estimaciones para π_k, μ_k, y Σ, entonces tendríamos un estimado para $p_k(x)$ y por lo tanto para $\log p_k(x)$ y para $\delta_k(x)$.

En un intento par maximizar $p_k(x)$, en su lugar maximizamos la estimación de $p_k(x)$, que es lo mismo que maximizar la estimación de $\delta_k(x)$.

π_k puede ser estimando como $\widehat{\pi_k} = \frac{N_k}{N}$ donde N_k es el número de datos de entrenamiento en la clase k y N es el número total de datos de entrenamiento.

Recuerda que $\pi_k = \Pr(Y = k)$. Estamos estimando esto simplemente tomando la proporción de puntos de datos en la clase k.

El vector medio específico de la case $\mu_k = \begin{bmatrix} \mu_{k1} \\ \vdots \\ \mu_{kp} \end{bmatrix}$, donde $\mu_{kj} = \sum_{i:y_i=k} x_{ij} \Pr(X_j = x_{ij})$.

Podemos estimar μ_{kj} como $\frac{1}{N_k}\sum_{i:y_i=k} x_{ij}$.

Así podemos estimar μ_k como $\widehat{\mu_k} = \begin{bmatrix} \frac{1}{N_k}\sum_{i:y_i=k} x_{i1} \\ \vdots \\ \frac{1}{N_k}\sum_{i:y_i=k} x_{ip} \end{bmatrix} = \frac{1}{N_k}\begin{bmatrix} \sum_{i:y_i=k} x_{i1} \\ \vdots \\ \sum_{i:y_i=k} x_{ip} \end{bmatrix}$

$$= \frac{1}{N_k} \sum_{i:y_i=k} \begin{bmatrix} x_{i1} \\ \vdots \\ x_{ip} \end{bmatrix}$$

$$= \frac{1}{N_k} \sum_{i:y_i=k} x_i$$

En otros sentidos, $\widehat{\mu_k} = \frac{1}{N_k}\sum_{i:y_i=k} x_i$. Estimamos el vector medio específico de la case por el vector de promedios de cada componente sobre todo los x_i el la clase k.

Finalmente, la matriz de covarianza Σ se estimada como $\hat{\Sigma} = \frac{1}{N-K}\sum_{k=1}^K \sum_{i:y_i=k}(x_i - \widehat{\mu_k})(x_i - \widehat{\mu_k})^T$.

Recuerda que $\delta_k(x) = x^T \Sigma^{-1} \mu_k - \frac{1}{2}\mu_k^T \Sigma^{-1}\mu_k + log\,\pi_k$.

Así, $\widehat{\delta_k}(x) = x^T \hat{\Sigma}^{-1}\widehat{\mu_k} - \frac{1}{2}(\widehat{\mu_k})^T\hat{\Sigma}^{-1}\widehat{\mu_k} + log\,\widehat{\pi_k}$.

Nota que $\hat{\Sigma}, \widehat{\mu_k}$, y $\widehat{\pi_k}$ solo dependen de los datos de entrenamiento y no de x. Nota que x es un vector y nota que $x^T\hat{\Sigma}^{-1}\widehat{\mu_k}$ es una combinación lineal de los componentes de x. Así que, $\widehat{\delta_k}(x)$ es una combinación lineal de los componentes de x. Por eso se llama la función discriminante lineal.

CLASIFICACIÓN DE DATOS USANDO FUNCIONES DISCRIMINANTES

Si (k_1, k_2) es un par de clases, podemos considerar si $\widehat{\delta_{k_1}}(x) > \widehat{\delta_{k_2}}(x)$. Si es así, sabemos x no está en la clase de k_2. Después, podemos comparer si $\widehat{\delta_{k_1}}(x) > \widehat{\delta_{k_3}}(x)$ y descartar otra clase. Una vez que hayamos buscado todas las clases, sabremos qué clase x debe estar.

Ajustando $\widehat{\delta_{k_1}}(x) = \widehat{\delta_{k_2}}(x)$, nos da

$$x^T \widehat{\Sigma}^{-1} \widehat{\mu_{k_1}} - \frac{1}{2} \left(\widehat{\mu_{k_1}}\right)^T \widehat{\Sigma}^{-1} \widehat{\mu_{k_1}} + \log \widehat{\pi_{k_1}} = x^T \widehat{\Sigma}^{-1} \widehat{\mu_{k_2}} - \frac{1}{2} \left(\widehat{\mu_{k_2}}\right)^T \widehat{\Sigma}^{-1} \widehat{\mu_{k_2}} + \log \widehat{\pi_{k_2}}.$$

Esto nos da un hiperplano en $\mathbb{R}^p$ que separa la clase k_1 de la clase k_2.

Si encontramos el hiperplano de separación para cada par de clases, obtenemos algo como esto:

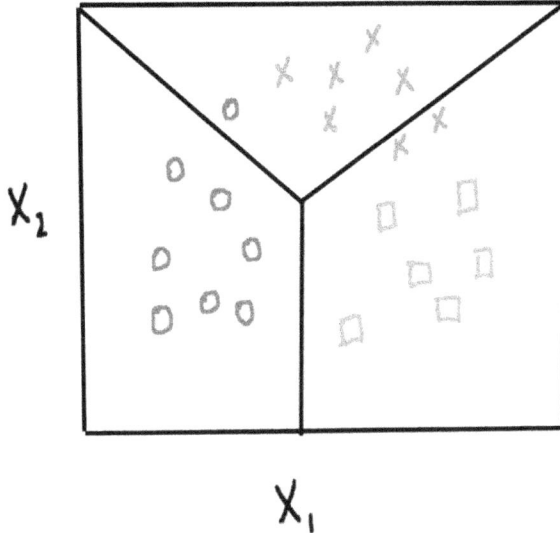

En este ejemplo, $p = 2$ and $K = 3$.

LDA EJEMPLO 1

Supongamos que tenemos un conjunto de datos $(x_1, y_1), \dots, (x_6, y_6)$ como sigue:

$x_1 = (1,3), x_2 = (2,3), x_3 = (2,4), x_4 = (3,1), x_5 = (3,2), x_6 = (4,2),$

con $y_1 = y_2 = y_3 = k_1 = 1$ y con $y_4 = y_5 = y_6 = k_2 = 2$.

Aplica el análisis discriminante lineal haciendo lo siguiente:

a) Encuentra estimaciones para las funciones discriminantes lineales $\delta_1(x)$ y $\delta_2(x)$.

b) Encuentra la línea que decide entre las dos clases.

c) Classifica el nuevo dato $x = (5,0)$.

Solución:

Aquí hay una gráfica de los puntos de datos:

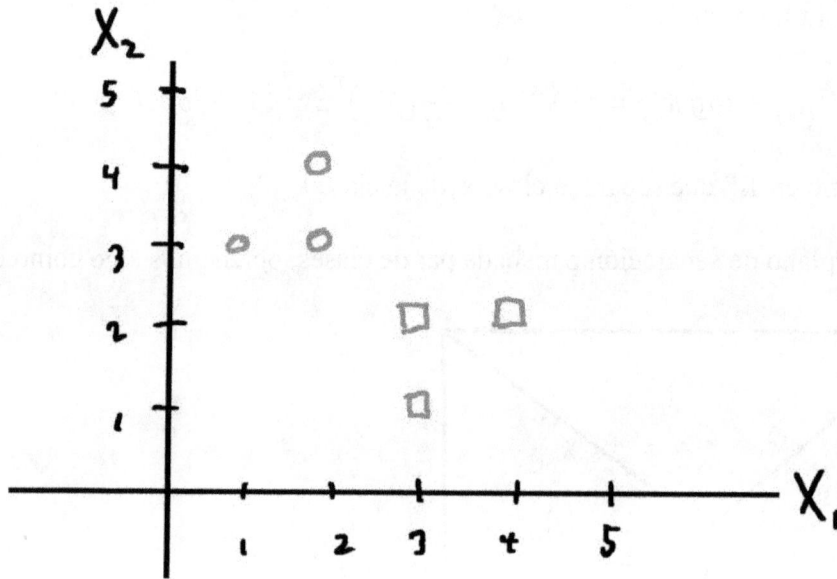

El número de características de p es 2, el número de clases de K es 2, el número total de puntos de datos N es 6, el número N_1 de los datos de la clase k_1 es 3, y el número N_2 de los datos de la clase k_2 es 3.

Primero, encontraremos estimaciones para π_1 y π_2, las probabilidades previas de que $Y = k_1$ y de que $Y = k_2$, respectivamente.

Después, encontraremos estimaciones para μ_1 y para μ_2, los vectores medios específicos de la clase.

Luego podemos calcular la estimación de la matriz de covarianza Σ.

Finalmente, utilizando las estimaciones $\widehat{\pi_1}, \widehat{\pi_2}, \widehat{\mu_1}, \widehat{\mu_2}, \widehat{\Sigma}$, podemos encontrar las estimaciones para las funciones discriminantes lineales $\delta_1(x)$ y $\delta_2(x)$.

$$\widehat{\pi_1} = \frac{N_1}{N} = \frac{3}{6} = \frac{1}{2}$$

$$\widehat{\pi_2} = \frac{N_2}{N} = \frac{3}{6} = \frac{1}{2}$$

$$\widehat{\mu_1} = \frac{1}{N_1} \sum_{i:y_i=1} x_i = \frac{1}{3}[x_1 + x_2 + x_3] = \begin{bmatrix} 5/3 \\ 10/3 \end{bmatrix}$$

$$\widehat{\mu_2} = \frac{1}{N_2} \sum_{i:y_i=2} x_i = \frac{1}{3}[x_4 + x_5 + x_6] = \begin{bmatrix} 10/3 \\ 5/3 \end{bmatrix}$$

$$\widehat{\Sigma} = \frac{1}{N-K} \sum_{k=1}^{K} \sum_{i:y_i=k} (x_i - \widehat{\mu_k})(x_i - \widehat{\mu_k})^T$$

$$= \frac{1}{6-2} \sum_{k=1}^{2} \sum_{i:y_i=k} (x_i - \widehat{\mu_k})(x_i - \widehat{\mu_k})^T$$

Utilizando lo que agarramos para $\widehat{\mu_1}$ y $\widehat{\mu_2}$, tenemos

$$\widehat{\Sigma} = \frac{1}{4} \begin{bmatrix} 4/3 & 2/3 \\ 2/3 & 4/3 \end{bmatrix} = \begin{bmatrix} 1/3 & 1/6 \\ 1/6 & 1/3 \end{bmatrix}$$

$$\Rightarrow \quad \widehat{\Sigma}^{-1} = \begin{bmatrix} 4 & -2 \\ -2 & 4 \end{bmatrix}$$

$$\widehat{\delta_1}(x) = x^T \widehat{\Sigma}^{-1} \widehat{\mu_1} - \frac{1}{2}(\widehat{\mu_1})^T \widehat{\Sigma}^{-1} \widehat{\mu_1} + \log \widehat{\pi_1}.$$

$$= x^T \begin{bmatrix} 0 \\ 10 \end{bmatrix} - \frac{1}{2}\left(\frac{100}{3}\right) + \log\frac{1}{2}$$

$$= 10X_2 - \frac{50}{3} + \log\frac{1}{2}$$

$$\widehat{\delta_2}(x) = x^T \widehat{\Sigma}^{-1} \widehat{\mu_2} - \frac{1}{2}(\widehat{\mu_2})^T \widehat{\Sigma}^{-1} \widehat{\mu_2} + \log \widehat{\pi_2}.$$

$$= x^T \begin{bmatrix} 10 \\ 0 \end{bmatrix} - \frac{1}{2}\left(\frac{100}{3}\right) + \log\frac{1}{2}$$

$$= 10X_1 - \frac{50}{3} + \log\frac{1}{2}$$

Poniendo $\widehat{\delta_1}(x) = \widehat{\delta_2}(x)$

$$\Rightarrow \quad 10X_2 - \frac{50}{3} + \log\frac{1}{2} = 10X_1 - \frac{50}{3} + \log\frac{1}{2}$$

$$\Rightarrow \quad 10X_2 = 10X_1$$

$$\Rightarrow \quad X_2 = X_1.$$

Entonces, la línea que decide entre las dos clases está dada por $X_2 = X_1$.

Aquí hay un gráfico de la línea decisiva:

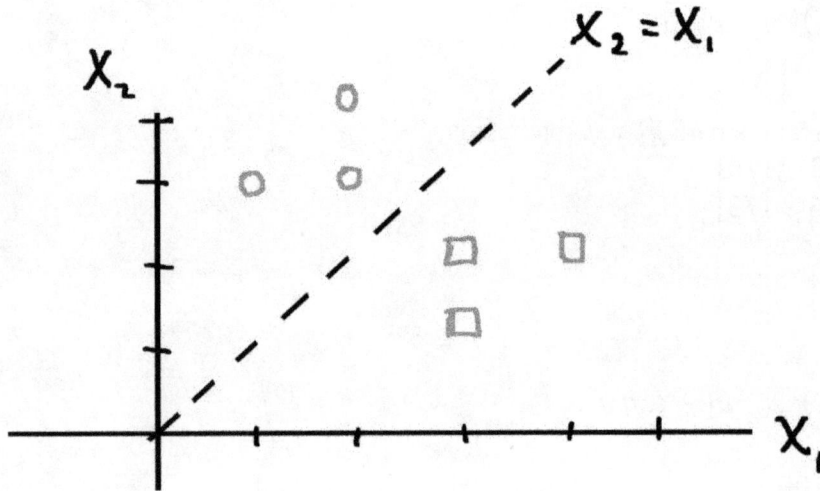

Si $\widehat{\delta_1}(x) > \widehat{\delta_2}(x)$, entonces clasificamos x como una clase de k_1. Así que si x está arriba de la línea $X_2 = X_1$, clasificamos x como una clase de k_1. A la inversa, si $\widehat{\delta_1}(x) < \widehat{\delta_2}(x)$, clasificamos x como una clase de k_2. Esto corresponde a que x esté debajo de la línea $X_2 = X_1$.

El punto $(5, 0)$ está debajo de la línea, entonces lo clasificamos como clase de k_2.

LDA EJEMPLO 2

Supongamos que tenemos un conjunto de datos $(x_1, y_1), \dots, (x_6, y_6)$ como sigue:

$x_1 = (0, 2), x_2 = (1, 2), x_3 = (2, 0), x_4 = (2, 1), x_5 = (3, 3), x_6 = (4, 4),$

con $y_1 = y_2 = k_1 = 1$, $y_3 = y_4 = k_2 = 2$, y con $y_5 = y_6 = k_3 = 3$.

Aplica el análisis discriminante lineal haciendo lo siguiente:

a) Encontrar estimaciones para las funciones discriminantes lineales $\delta_1(x), \delta_2(x)$, y $\delta_3(x)$.

b) Encuentra las líneas que deciden entre cada par de clases.

c) Clasifica un nuevo punto $x = (1, 3)$.

Solución:

Aquí hay una gráfica de los puntos de datos:

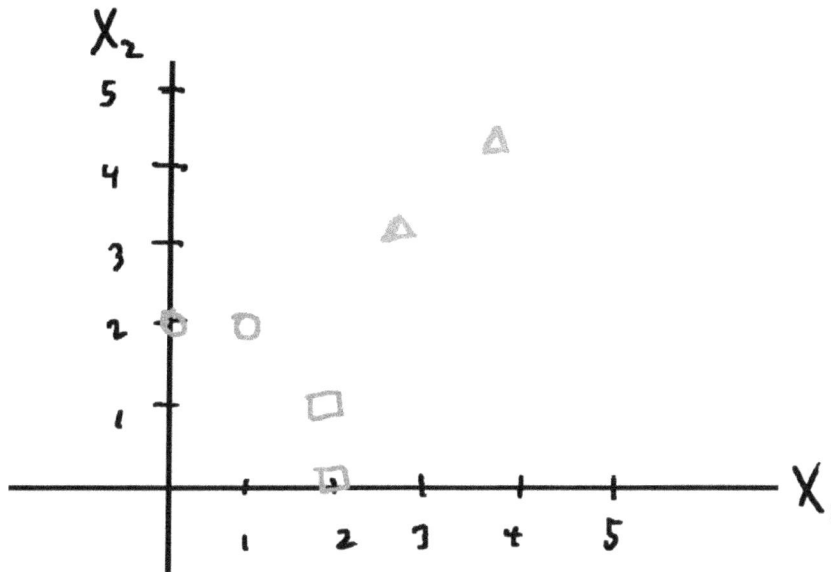

El número de características p es 2, el número de clases K es 3, el número total de puntos de datos N es 6, el número N_1 de datos en la clase k_1 es 2, el número N_2 de datos en la clase k_2 es 2, y el número N_3 de datos en la clase k_3 es 2.

Primero, encontraremos estimaciones para π_1, π_2, π_3, las probabilidades previas de que $Y = k_1$, $Y = k_2$, $Y = k_3$, respectivamente.

Después, encontraremos estimaciones para μ_1, μ_2, μ_3, los vectores medios específicos de la clase.

Luego podemos calcular la estimación de la matriz de covarianza Σ.

Finalmente, usando las estimaciones $\widehat{\pi_1}, \widehat{\pi_2}, \widehat{\pi_3}, \widehat{\mu_1}, \widehat{\mu_2}, \widehat{\mu_3}, \widehat{\Sigma}$, podemos encontrar las estimaciones para las funciones discriminantes lineales $\delta_1(x), \delta_2(x)$, y para $\delta_3(x)$.

$$\widehat{\pi_1} = \frac{N_1}{N} = \frac{2}{6} = \frac{1}{3}$$

$$\widehat{\pi_2} = \frac{N_2}{N} = \frac{2}{6} = \frac{1}{3}$$

$$\widehat{\pi_3} = \frac{N_3}{N} = \frac{2}{6} = \frac{1}{3}$$

$$\widehat{\mu_1} = \frac{1}{N_1} \sum_{i:y_i=1} x_i = \frac{1}{2}[x_1 + x_2] = \begin{bmatrix} 1/2 \\ 2 \end{bmatrix}$$

$$\widehat{\mu_2} = \frac{1}{N_2} \sum_{i:y_i=2} x_i = \frac{1}{2}[x_3 + x_4] = \begin{bmatrix} 2 \\ 1/2 \end{bmatrix}$$

$$\widehat{\mu_3} = \frac{1}{N_3} \sum_{i:y_i=3} x_i = \frac{1}{2}[x_5 + x_6] = \begin{bmatrix} 7/2 \\ 7/2 \end{bmatrix}$$

$$\widehat{\Sigma} = \frac{1}{N-K} \sum_{k=1}^{K} \sum_{i:y_i=k} (x_i - \widehat{\mu_k})(x_i - \widehat{\mu_k})^T$$

$$= \frac{1}{6-3}\begin{bmatrix} 1 & 1/2 \\ 1/2 & 1 \end{bmatrix} = \begin{bmatrix} 1/3 & 1/6 \\ 1/6 & 1/3 \end{bmatrix}$$

$$\Rightarrow \quad \widehat{\Sigma}^{-1} = \begin{bmatrix} 4 & -2 \\ -2 & 4 \end{bmatrix}$$

$$\widehat{\delta_1}(x) = x^T \widehat{\Sigma}^{-1} \widehat{\mu_1} - \frac{1}{2}(\widehat{\mu_1})^T \widehat{\Sigma}^{-1} \widehat{\mu_1} + \log \widehat{\pi_1}.$$

$$= x^T \begin{bmatrix} -2 \\ 7 \end{bmatrix} - \left(\frac{13}{2}\right) + \log \frac{1}{3}$$

$$= -2X_1 + 7X_2 - \frac{13}{2} + \log \frac{1}{3}$$

$$\widehat{\delta_2}(x) = x^T \widehat{\Sigma}^{-1} \widehat{\mu_2} - \frac{1}{2}(\widehat{\mu_2})^T \widehat{\Sigma}^{-1} \widehat{\mu_2} + \log \widehat{\pi_2}.$$

$$= x^T \begin{bmatrix} 7 \\ -2 \end{bmatrix} - \left(\frac{13}{2}\right) + \log \frac{1}{3}$$

$$= 7X_1 - 2X_2 - \frac{13}{2} + \log \frac{1}{3}$$

$$\widehat{\delta_3}(x) = x^T \widehat{\Sigma}^{-1} \widehat{\mu_3} - \frac{1}{2}(\widehat{\mu_3})^T \widehat{\Sigma}^{-1} \widehat{\mu_3} + \log \widehat{\pi_3}.$$

$$= x^T \begin{bmatrix} 7 \\ 7 \end{bmatrix} - \left(\frac{49}{2}\right) + \log \frac{1}{3}$$

$$= 7X_1 + 7X_2 - \frac{49}{2} + \log \frac{1}{3}$$

Poniendo $\widehat{\delta_1}(x) = \widehat{\delta_2}(x)$

$$\Rightarrow \quad -2X_1 + 7X_2 - \frac{13}{2} + \log\frac{1}{3} = 7X_1 - 2X_2 - \frac{13}{2} + \log\frac{1}{3}$$

$$\Rightarrow \quad -2X_1 + 7X_2 = 7X_1 - 2X_2$$

$$\Rightarrow \quad 9X_2 = 9X_1$$

$$\Rightarrow \qquad X_2 = X_1.$$

Entonces, la línea que decide entre las clases k_1 y k_2 está dada por $X_2 = X_1$.

Poniendo $\widehat{\delta_1}(x) = \widehat{\delta_3}(x)$
$$\Rightarrow \qquad -2X_1 + 7X_2 - \frac{13}{2} + log\frac{1}{3} = 7X_1 + 7X_2 - \frac{49}{2} + log\frac{1}{3}$$

$$\Rightarrow \qquad 18 = 9X_1$$

$$\Rightarrow \qquad X_1 = 2$$

Entonces, la línea que decide entre las clases k_1 y k_3 está dada por $X_1 = 2$.

Poniendo $\widehat{\delta_2}(x) = \widehat{\delta_3}(x)$
$$\Rightarrow \qquad 7X_1 - 2X_2 - \frac{13}{2} + log\frac{1}{3} = 7X_1 + 7X_2 - \frac{49}{2} + log\frac{1}{3}$$

$$\Rightarrow \qquad 18 = 9X_2$$

$$\Rightarrow \qquad X_2 = 2$$

Entonces, la línea que decide entre las clases k_2 y k_3 está dada por $X_2 = 2$.

Aquí hay una gráfica de las líneas decisivas:

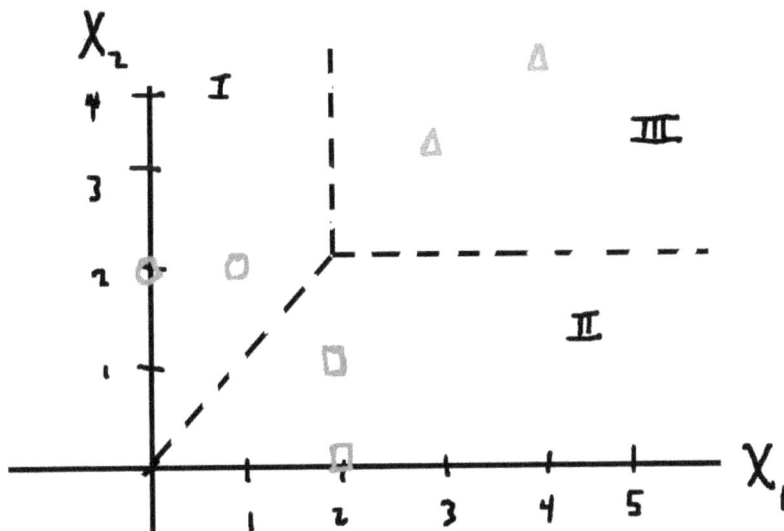

Las líneas dividen el plano en 3 regiones.

$\widehat{\delta_1}(x) > \widehat{\delta_2}(x)$ corresponde a la región arriba de la línea $X_2 = X_1$. Al contrario, $\widehat{\delta_1}(x) < \widehat{\delta_2}(x)$ corresponde a la región debajo de la línea $X_2 = X_1$.

$\widehat{\delta_1}(x) > \widehat{\delta_3}(x)$ corresponde a la región izquierda de la línea $X_1 = 2$. Al contrario, $\widehat{\delta_1}(x) < \widehat{\delta_3}(x)$

corresponde a la región derecha de la línea $X_1 = 2$.

$\widehat{\delta_2}(x) > \widehat{\delta_3}(x)$ corresponde a la región debajo de la línea $X_2 = 2$. Al contrario, $\widehat{\delta_2}(x) < \widehat{\delta_3}(x)$ corresponde a la región arriba de la línea $X_2 = 2$.

Si $\widehat{\delta_1}(x) > \widehat{\delta_2}(x)$ y $\widehat{\delta_1}(x) > \widehat{\delta_3}(x)$, podemos clasificar x como una clase de k_1. Así que si x está en la region I, podemos clasificar x como una clase de k_1. Al contrario, si x está el la region II, Podemos clasificar x como una clase de k_2 y si x está en la region III, podemos clasificar x como una clase de k_3.

El punto $(1, 3)$ está en la region I, entonces se clasifica como clase de k_1.

RESUMEN: ANÁLISIS DISCRIMINANTE LINEAL

- En análisis discriminante lineal, encontramos estimaciones $\widehat{p_k}(x)$ para la probabilidad posterior $p_k(x)$ que $Y = k$ dado que $X = x$. Nosotros clasificamos x segun la clase k que da la mayor probabilidad posterior estimada $\widehat{p_k}(x)$.

- Maximizando la probabilidad posterior estimada $\widehat{p_k}(x)$ es equivalente a maximizar el logartimo de $\widehat{p_k}(x)$, cual, a su vez, es equivalente a maximizar la función discriminante lineal estimada $\widehat{\delta_k}(x)$.

- Encontramos estimaciones de la probabilidad previa π_k que $Y = k$, de los vectores medios específicos de la clase μ_k, y de la matriz de covarianza Σ para estimar las funciones discriminantes lineales $\delta_k(x)$.

- Configurando $\widehat{\delta_k}(x) = \widehat{\delta_{k'}}(x)$ para cada par (k, k') de clases, tenemos hiperplanos en $\mathbb{R}^p$ que, juntos, divide $\mathbb{R}^p$ en regiones correspondientes a las distintas clases.

- Clasificamos x segun la clase k por cual $\widehat{\delta_k}(x)$ es más grande.

EJERCICIOS: ANÁLISIS DISCRIMINANTE LINEAL

1. Supongamos que tenemos un conjunto de datos $(x_1, y_1), \dots, (x_6, y_6)$ como sigue:

$x_1 = (1, 2), x_2 = (2, 1), x_3 = (2, 2), x_4 = (3, 3), x_5 = (3, 4), x_6 = (4, 3)$ con

$y_1 = y_2 = y_3 = k_1 = 1$ y con $y_4 = y_5 = y_6 = k_2 = 2$.

Aplica el análisis discriminante lineal haciendo lo siguiente:

a) Encuentra estimaciones para las funciones discriminantes lineales $\delta_1(x)$ y $\delta_2(x)$.

b) Encuentra la línea que decide entre las dos clases.

c) Clasifica un nuevo punto $x = (4, 5)$.

2. Supongamos que tenemos un conjunto de datos $(x_1, y_1), \dots, (x_6, y_6)$ como sigue:

$x_1 = (0, 0), x_2 = (1, 1), x_3 = (2, 3), x_4 = (2, 4), x_5 = (3, 2), x_6 = (4, 2)$ con

$y_1 = y_2 = k_1 = 1, y_3 = y_4 = k_2 = 2$ y con $y_5 = y_6 = k_3 = 3$.

Aplica el análisis discriminante lineal haciendo lo siguiente:

a) Encuentra estimaciones para las funciones discriminantes lineales $\delta_1(x)$, $\delta_2(x)$ y $\delta_3(x)$.

b) Encuentra las líneas que deciden entre cada par de clases.

c) Clasifica un nuevo punto $x = (3, 0)$.

SOLUCIONES: ANÁLISIS DISCRIMINANTE LINEAL

1. Aquí hay una gráfica de los puntos de datos:

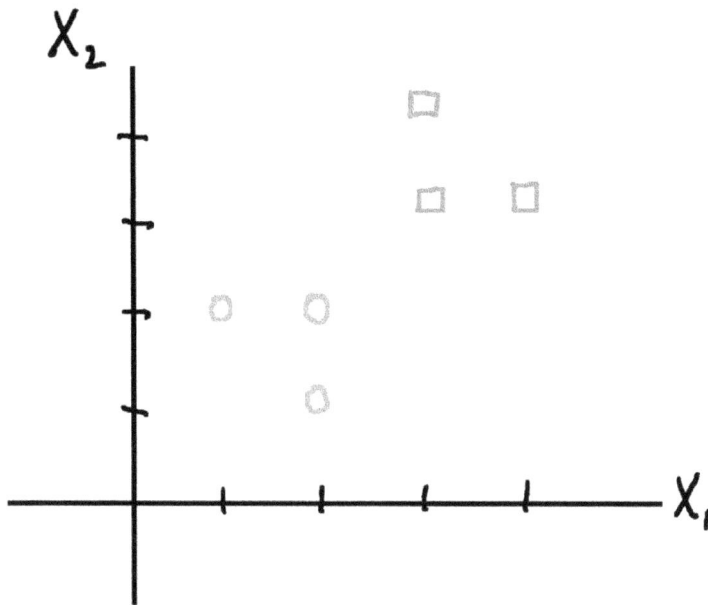

El número de características p es 2, el número de clases K es 2, el número total de puntos de datos N es 6, el número N_1 de datos en la clase k_1 es 3, y el número N_2 de datos en la clase k_2 es 3.

Primero, encontraremos estimaciones para π_1 y π_2, las probabilidades previas de que $Y = k_1$ y $Y = k_2$, respectivamente.

Después, encontraremos estimaciones para μ_1 y μ_2, los vectores medios específicos de la clase. Luego podemos calcular la estimación de la matriz de covarianza Σ.

Finalmente, utilizando las estimaciones $\widehat{\pi_1}, \widehat{\pi_2}, \widehat{\mu_1}, \widehat{\mu_2}, \widehat{\Sigma}$, podemos encontrar las estimaciones para las funciones discriminantes lineales $\delta_1(x)$ y $\delta_2(x)$.

$$\widehat{\pi_1} = \frac{N_1}{N} = \frac{3}{6} = \frac{1}{2}$$

$$\widehat{\pi_2} = \frac{N_2}{N} = \frac{3}{6} = \frac{1}{2}$$

$$\widehat{\mu_1} = \frac{1}{N_1} \sum_{i:y_i=1} x_i = \frac{1}{3}[x_1 + x_2 + x_3] = \begin{bmatrix} \frac{5}{3} \\ \frac{5}{3} \end{bmatrix}$$

$$\widehat{\mu_2} = \frac{1}{N_2}\sum_{i:y_i=2} x_i = \frac{1}{3}[x_4 + x_5 + x_6] = \begin{bmatrix} \frac{10}{3} \\ \frac{10}{3} \end{bmatrix}$$

$$\widehat{\Sigma} = \frac{1}{N-K}\sum_{k=1}^{K}\sum_{i:y_i=k}(x_i - \widehat{\mu_k})(x_i - \widehat{\mu_k})^T$$

$$= \frac{1}{6-2}\begin{bmatrix} 12/9 & -6/9 \\ -6/9 & 12/9 \end{bmatrix} = \begin{bmatrix} 1/3 & -1/6 \\ -1/6 & 1/3 \end{bmatrix}$$

$$\Rightarrow \quad \widehat{\Sigma}^{-1} = \begin{bmatrix} 4 & 2 \\ 2 & 4 \end{bmatrix}$$

$$\widehat{\delta_1}(x) = x^T\widehat{\Sigma}^{-1}\widehat{\mu_1} - \frac{1}{2}\widehat{\mu_1}^T\widehat{\Sigma}^{-1}\widehat{\mu_1} + \log\widehat{\pi_1}$$

$$= x^T\begin{bmatrix} 10 \\ 10 \end{bmatrix} - \frac{1}{2}\left(\frac{100}{3}\right) + \log\frac{1}{2}$$

$$= 10X_1 + 10X_2 - \frac{50}{3} + \log\frac{1}{2}$$

$$\widehat{\delta_2}(x) = x^T\widehat{\Sigma}^{-1}\widehat{\mu_2} - \frac{1}{2}\widehat{\mu_2}^T\widehat{\Sigma}^{-1}\widehat{\mu_2} + \log\widehat{\pi_2}$$

$$= x^T\begin{bmatrix} 20 \\ 20 \end{bmatrix} - \frac{1}{2}\left(\frac{400}{3}\right) + \log\frac{1}{2}$$

$$= 20X_1 + 20X_2 - \frac{200}{3} + \log\frac{1}{2}$$

Poniendo $\widehat{\delta_1}(x) = \widehat{\delta_2}(x)$

$$\Rightarrow \quad 10X_1 + 10X_2 - \frac{50}{3} + \log\frac{1}{2} = 20X_1 + 20X_2 - \frac{200}{3} + \log\frac{1}{2}$$

$$\Rightarrow \quad \frac{150}{3} = 10X_1 + 10X_2$$

$$\Rightarrow \quad 50 = 10X_1 + 10X_2$$

$$\Rightarrow \quad 5 = X_1 + X_2$$

$$\Rightarrow \quad -X_1 + 5 = X_2$$

Entonces, la línea que decide entre las dos clases está dada por $X_2 = -X_1 + 5$.

Aquí hay un gráfico de la línea de decisión::

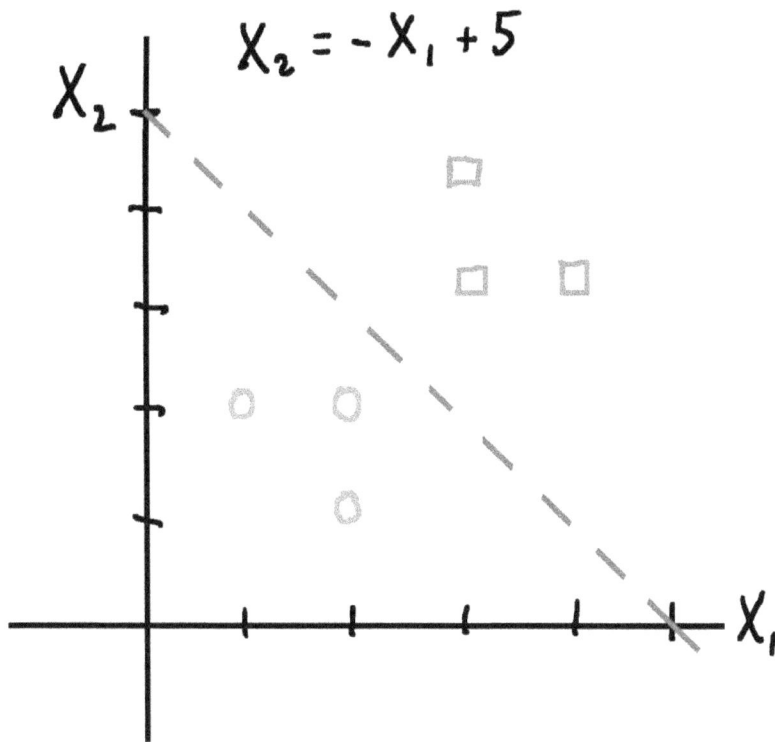

Si $\widehat{\delta_1}(x) > \widehat{\delta_2}(x)$, entonces clasificamos x como una clase de k_1.

Así que si x está debajo de la línea $X_2 = -X_1 + 5$, clasificamos x como una clase de k_1.

Al contrario, si $\widehat{\delta_1}(x) < \widehat{\delta_2}(x)$, clasificamos x como una clase de k_2. Esto corresponde a x estando arriba de la línea $X_2 = -X_1 + 5$.

El punto $(4, 5)$ está arriba de la línea, entonces lo clasificamos como una clase de k_2.

2. Aquí hay una gráfica de los puntos de datos:

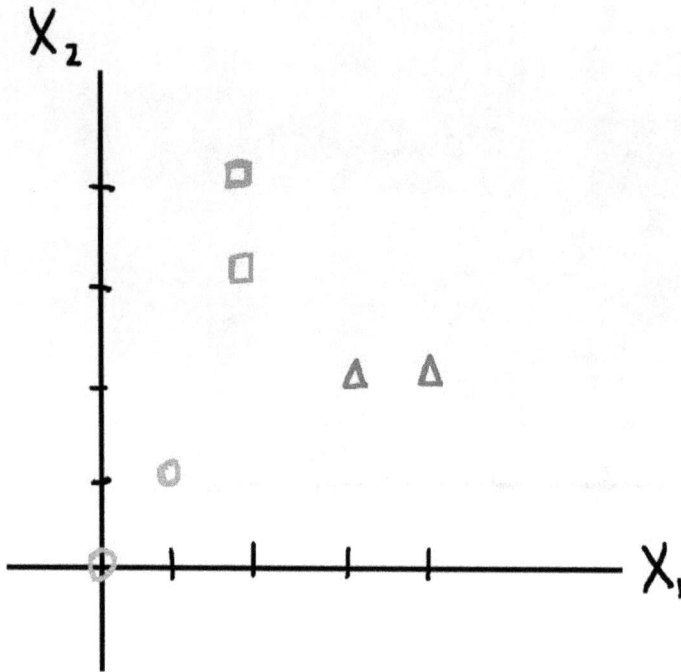

El número de características p es 2, el número de clases K es 3, el número total de puntos de datos N es 6, el número N_1 de datos en la clase k_1 es 2, el número N_2 de datos en la clase k_2 es 2, y el número N_3 de datos en la clase k_3 es 2.

Primero, encontraremos estimaciones para π_1, π_2, π_3, las probabilidades previas de que $Y = k_1$, $Y = k_2, Y = k_3$, respectivamente.

Después, encontraremos estimaciones para μ_1, μ_2, μ_3, los vectores medios específicos de la clase.

Luego podemos calcular la estimación de la matriz de covarianza Σ.

Finalmente, utilizando las estimaciones $\widehat{\pi_1}, \widehat{\pi_2}, \widehat{\pi_3}, \widehat{\mu_1}, \widehat{\mu_2}, \widehat{\mu_3}, \widehat{\Sigma}$, podemos encontrar las estimaciones para las funciones discriminantes lineales $\delta_1(x), \delta_2(x)$, y $\delta_3(x)$.

$$\widehat{\pi_1} = \frac{N_1}{N} = \frac{2}{6} = \frac{1}{3}$$
$$\widehat{\pi_2} = \frac{N_2}{N} = \frac{2}{6} = \frac{1}{3}$$
$$\widehat{\pi_3} = \frac{N_3}{N} = \frac{2}{6} = \frac{1}{3}$$

$$\widehat{\mu_1} = \frac{1}{N_1} \sum_{i:y_i=1} x_i = \frac{1}{2}[x_1 + x_2] = \begin{bmatrix} 1/2 \\ 1/2 \end{bmatrix}$$

$$\widehat{\mu_2} = \frac{1}{N_2} \sum_{i:y_i=2} x_i = \frac{1}{2}[x_3 + x_4] = \begin{bmatrix} 2 \\ 7/2 \end{bmatrix}$$

$$\widehat{\mu_3} = \frac{1}{N_3} \sum_{i:y_i=3} x_i = \frac{1}{2}[x_5 + x_6] = \begin{bmatrix} 7/2 \\ 2 \end{bmatrix}$$

$$\widehat{\Sigma} = \frac{1}{N-K} \sum_{k=1}^{K} \sum_{i:y_i=k} (x_i - \widehat{\mu_k})(x_i - \widehat{\mu_k})^T$$

$$= \frac{1}{6-3} \begin{bmatrix} 1 & 1/2 \\ 1/2 & 1 \end{bmatrix} = \begin{bmatrix} 1/3 & 1/6 \\ 1/6 & 1/3 \end{bmatrix}$$

$$\implies \quad \widehat{\Sigma}^{-1} = \begin{bmatrix} 4 & -2 \\ -2 & 4 \end{bmatrix}$$

$$\widehat{\delta_1}(x) = x^T \widehat{\Sigma}^{-1} \widehat{\mu_1} - \frac{1}{2} \widehat{\mu_1}^T \widehat{\Sigma}^{-1} \widehat{\mu_1} + \log \widehat{\pi_1}$$

$$= x^T \begin{bmatrix} 1 \\ 1 \end{bmatrix} - \frac{1}{2}(1) + \log \frac{1}{3}$$

$$= X_1 + X_2 - \frac{1}{2} + \log \frac{1}{3}$$

$$\widehat{\delta_2}(x) = x^T \widehat{\Sigma}^{-1} \widehat{\mu_2} - \frac{1}{2} \widehat{\mu_2}^T \widehat{\Sigma}^{-1} \widehat{\mu_2} + \log \widehat{\pi_2}$$

$$= x^T \begin{bmatrix} 1 \\ 10 \end{bmatrix} - \frac{1}{2}(37) + \log \frac{1}{3}$$

$$= X_1 + 10X_2 - \frac{37}{2} + \log \frac{1}{3}$$

$$\widehat{\delta_3}(x) = x^T \widehat{\Sigma}^{-1} \widehat{\mu_3} - \frac{1}{2} \widehat{\mu_3}^T \widehat{\Sigma}^{-1} \widehat{\mu_3} + \log \widehat{\pi_3}$$

$$= x^T \begin{bmatrix} 10 \\ 1 \end{bmatrix} - \frac{1}{2}(37) + \log \frac{1}{3}$$

$$= 10X_1 + X_2 - \frac{37}{2} + \log \frac{1}{3}$$

Poniendo $\widehat{\delta_1}(x) = \widehat{\delta_2}(x)$

$$\implies \quad X_1 + X_2 - \frac{1}{2} + \log \frac{1}{3} = X_1 + 10X_2 - \frac{37}{2} + \log \frac{1}{3}$$

$$\implies \quad 18 = 9X_2$$

$$\implies \quad 2 = X_2$$

Así, la línea que decide entre clases k_1 y k_2 es dado por $X_2 = 2$.

Poniendo $\widehat{\delta_1}(x) = \widehat{\delta_3}(x)$

$\Longrightarrow \quad X_1 + X_2 - \frac{1}{2} + \log\frac{1}{3} = 10X_1 + X_2 - \frac{37}{2} + \log\frac{1}{3}$

$\Longrightarrow \quad 18 = 9X_1$

$\Longrightarrow \quad 2 = X_1$

Así, la línea que decide entre clases k_1 y k_3 es dado por $X_1 = 2$.

Poniendo $\widehat{\delta_2}(x) = \widehat{\delta_3}(x)$

$\Longrightarrow \quad X_1 + 10X_2 - \frac{37}{2} + \log\frac{1}{3} = 10X_1 + X_2 - \frac{37}{2} + \log\frac{1}{3}$

$\Longrightarrow \quad 9X_2 = 9X_1$

$\Longrightarrow \quad X_2 = X_1$

Así, la línea que decide entre clases k_2 y k_3 es dado por $X_2 = X_1$.

Aquí hay una gráfica de las líneas de decisión:

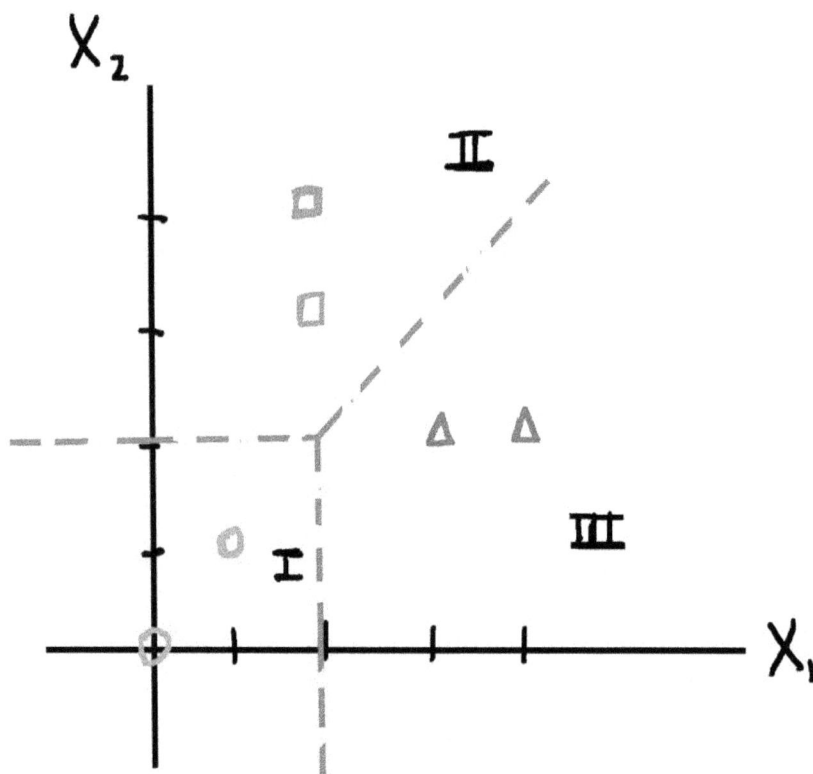

Las líneas dividen el plano en 3 regiones.

Si x está en la region I, podemos clasificar x como una clase de k_1. Del mismo modo, puntos en la region II estarán clasificados como parte de la clase k_2, y puntos en la region III estarán clasificados como parte de la clase k_3.

El punto $(3, 0)$ está en la region III, entonces lo clasificamos como una clase de k_3.

4 – REGRESIÓN LOGÍSTICA

REGRESIÓN LOGÍSTICA

En esta sección, veremos otro método para los problemas de clasificación llamados *regresión logística*.

Como el análisis discriminante lineal, queremos estimar $\Pr(Y = k | X = x)$ y escojer la clase k por cual esta probabilidadesmás grande. En lugar de estimar esta probabilidad indirectamente usando la regla de Bayes, como el análisis discriminante lineal, vamos a estimar la probabilidad directamente.

Dado que la regresión logística es más utilizada en el caso de $K = 2$ clases, nos centraremos en ese caso en esta sección. Denotaremos las dos clases por 0 y 1. Un ejemplo en el que se puede aplicar la regresión logística con 2 clases es para determinar si un paciente tiene cierta forma de cáncer o no.

MODELO DE REGRESIÓN LOGÍSTICA DE LA FUNCIÓN DE PROBABILIDAD POSTERIOR

Deja que $p(x) = \Pr(Y = 1 | X = x)$.

Considera $\frac{p(x)}{1-p(x)}$. Esto se llama las *probabilidades*.

Ahora calcula $\log \frac{p(x)}{1-p(x)}$. Esto se llama las *probabilidades logaritmos*.

En regression logística, asumimos que las probabilidades logaritmos es una función lineal de los componentes de x.

En otras palabras, $\log \frac{p(x)}{1-p(x)} = \beta_0 + \beta_1 x_1 + \cdots + \beta_p x_p$ donde $x = \begin{bmatrix} x_1 \\ \vdots \\ x_p \end{bmatrix}$.

Resolviendo para $p(x)$, obtenemos:

$$\frac{p(x)}{1 - p(x)} = e^{\beta_0 + \beta_1 x_1 + \cdots + \beta_p x_p}$$

$$\implies p(x) = e^{\beta_0 + \beta_1 x_1 + \cdots + \beta_p x_p} - e^{\beta_0 + \beta_1 x_1 + \cdots + \beta_p x_p} \cdot p(x)$$

$$\implies p(x) = \frac{e^{\beta_0 + \beta_1 x_1 + \cdots + \beta_p x_p}}{1 + e^{\beta_0 + \beta_1 x_1 + \cdots + \beta_p x_p}}$$

Esta es la probabilidad $\Pr(Y = 1 | X = x)$ que queremos aproximar. Para ello, necesitamos estimaciones para los parámetros $\beta_0, \ldots, \beta_p$.

ESTIMACIÓN DE LA FUNCIÓN DE PROBABILIDAD POSTERIOR

Digamos que nuestro dato de entrenamiento es $(z_1, y_1), \ldots, (z_N, y_N)$. Los valores de y son 0 o 1. La probabilidad de los datos observados viene dada por el producto de las probabilidades que $Y = 1$ para esos z_i quienes valores y son 1 y las probabilidades que $Y = 0$ para esos z_i quienes valores y son 0. Es decir,

$$\prod_{i:y_i=1} \Pr(Y = 1|X = z_i) \prod_{i:y_i=0} \Pr(Y = 0|X = z_i)$$

Ya que $\Pr(Y = 0|X = z_i) = 1 - \Pr(Y = 1|X = z_i)$, podemos reescribir el producto como

$$\prod_{i:y_i=1} \Pr(Y = 1|X = z_i) \prod_{i:y_i=0} (1 - \Pr(Y = 1|X = z_i))$$

$$= \prod_{i:y_i=1} p(z_i) \prod_{i:y_i=0} (1 - p(z_i))$$

Queremos encontrar estimaciones para $\beta_0, \ldots, \beta_p$ que maximizan la probabilidad de nuestros datos observados dados por $\prod_{i:y_i=1} p(z_i) \prod_{i:y_i=0}(1 - p(z_i))$.

Deja que $l(\beta_0, \ldots, \beta_p) = \prod_{i:y_i=1} p(z_i) \prod_{i:y_i=0}(1 - p(z_i))$. Esto se conoce como ***función de verosimilitud***.

Así, para encontrar estimaciones de $\beta_0, \ldots, \beta_p$, queremos maximizar la función de verosimilitud.

Dejando $\beta = (\beta_0, \beta_1, \ldots, \beta_p)$, podemos escribir la función de verosimilitud como

$l(\beta) = \prod_{i:y_i=1} p(z_i) \prod_{i:y_i=0}(1 - p(z_i))$.

Recuerda que $(x) = \frac{e^{\beta_0+\beta_1 x_1+\cdots+\beta_p x_p}}{1+e^{\beta_0+\beta_1 x_1+\cdots+\beta_p x_p}}$. Entonces $p(x)$ depende de los parametros $\beta_0, \beta_1, \ldots, \beta_p$. Para indicar esta dependencia, escribiremos $p(x; \beta)$ para $p(x)$.

So $l(\beta) = \prod_{i:y_i=1} p(z_i; \beta) \prod_{i:y_i=0}(1 - p(z_i; \beta))$.

Maximizar la función de probabilidad es lo mismo que maximizar la función de verosimilitud.

Entonces deja que $L(\beta) = \log l(\beta) = \log \prod_{i:y_i=1} p(z_i; \beta) \prod_{i:y_i=0}(1 - p(z_i; \beta))$. Esto so conoce como ***la función de verosimilitud logaritmo***.

Intentaremos maximizar $L(\beta)$.

Nota que $L(\beta) = \sum_{i:y_i=1} \log p(z_i; \beta) + \sum_{i:y_i=0} \log(1 - p(z_i; \beta))$

$$= \sum_{i=1}^{N} [y_i \log p(z_i; \beta) + (1 - y_i) \log(1 - p(z_i; \beta))]$$

$$= \sum_{i=1}^{N} [y_i[\log p(z_i; \beta) - \log(1 - p(z_i; \beta))] + \log(1 - p(z_i; \beta))]$$

$$= \sum_{i=1}^{N} \left[y_i \log \left(\frac{p(z_i; \beta)}{1 - p(z_i; \beta)} \right) + \log(1 - p(z_i; \beta)) \right]$$

$$= \sum_{i=1}^{N} \left[y_i \log e^{\beta^T z_i'} + \log \frac{1}{1 + e^{\beta^T z_i'}} \right],$$

donde $z_i' = \begin{bmatrix} 1 \\ z_{i1} \\ \vdots \\ z_{ip} \end{bmatrix}$. Para ver esto, nota que

$$p(z_i; \beta) = \frac{e^{\beta^T z_i'}}{1 + e^{\beta^T z_i'}} \text{ donde } z_i' = \begin{bmatrix} 1 \\ z_{i1} \\ \vdots \\ z_{ip} \end{bmatrix}. \text{ Entonces}$$

$$1 - p(z_i; \beta) = \frac{1}{1 + e^{\beta^T z_i'}} \text{ y } \frac{p(z_i; \beta)}{1 - p(z_i; \beta)} = e^{\beta^T z_i'}.$$

$$= \sum_{i=1}^{N} \left[y_i \beta^T z_i' - \log\left(1 + e^{\beta^T z_i'}\right) \right]$$

Entonces $L(\beta) = \sum_{i=1}^{N} \left[y_i \beta^T z_i' - \log\left(1 + e^{\beta^T z_i'}\right) \right]$.

Para maximizar $L(\beta)$, Usaremos el método multivariado de Newton-Raphson. Veamos cómo funciona el método, y volveremos a $L(\beta)$.

EL MÉTODO MULTIVARIADO DE NEWTON-RAPHSON

Supone que $f: \mathbb{R}^k \longrightarrow \mathbb{R}$ es dos veces continuamente diferenciable. Supone que $x \in \mathbb{R}^k$ está cerca de $a \in \mathbb{R}^k$. Entonces, la segunda orden de aproximación Taylor de $f(x)$ da

$$f(x) \approx f(a) + \left(\nabla f(a)\right)^T (x - a) + \frac{1}{2}(x - a)^T H(x - a),$$

donde $\nabla f(a)$ es el gradiente de f evaluado en a y H es la matriz Hessiana de f evaluada en a.

Ahora, digamos que queremos maximizar f. El método de Newton-Raphson dice que primero elija un valor x inicial a. Entonces, considere la aproximación Taylor de segundo orden de $f(x)$ para x cerca de

a:

$$f(x) \approx f(a) + \left(\nabla f(a)\right)^T (x-a) + \frac{1}{2}(x-a)^T H(x-a)$$

Encuentre el máximo de la aproximación de segundo orden tomando el gradiente de la aproximación de segundo orden y configurándolo en 0.

Dejando que $q(x) = f(a) + \left(\nabla f(a)\right)^T (x-a) + \frac{1}{2}(x-a)^T H(x-a)$, queremos buscar $\nabla q(x)$ y ponerlo a 0.

$$\nabla q(x) = \nabla\big(f(a)\big) + \nabla\left[\left(\nabla f(a)\right)^T (x-a)\right] + \frac{1}{2}\nabla[(x-a)^T H(x-a)]$$

$$= \mathbf{0} + \nabla f(a) + \frac{1}{2}\nabla[(x-a)^T H(x-a)],$$

porque $\nabla(b^T x) = b$ combinado con la regla de la cadena multivariable. (El Jacobiano de $g(x) = x - a$ es I.)

$$= \nabla f(a) + \frac{1}{2}[H^T(x-a) + H(x-a)],$$

porque $\nabla(x^T A x) = A^T x + A x$ combinado con la regla de la cadena multivariable.

$$= \nabla f(a) + \frac{1}{2}\cdot 2H(x-a) \quad \text{porque la matriz hessiana es simétrica.}$$

$$= \nabla f(a) + H(x-a)$$

Poniendo $\nabla q(x) = 0 \quad \Longrightarrow \quad \nabla f(a) + H(x-a) = 0$

$$\Longrightarrow \quad H(x-a) = -\nabla f(a)$$

$$\Longrightarrow \quad x - a = -H^{-1}\nabla f(a) \quad \text{asumiendo que } H \text{ es invertible.}$$

$$\Longrightarrow \quad x = a - H^{-1}\nabla f(a).$$

Así, el máximo de $q(x)$ ocurre cuando $x = a - H^{-1}\nabla f(a)$ asumiendo que H es negativo definido porque $Hess(q) = H^T = H$.

Deja que $x_0 = a$ y deja que

$$x_{t+1} = x_t - H^{-1}\nabla f(x_t), \qquad \text{donde } H = \nabla^2 f(x_t), \text{ la matriz hessiana de } f \text{ evaluada en } x_t.$$

Por cada iteración, obtenemos una secuencia $x_0, x_1, x_2, \dots$ que debe converger al valor x que maximiza f.

Resumir el método multivariado de Newton-Raphson:

Supone que $f\colon \mathbb{R}^k \longrightarrow \mathbb{R}$ es dos veces continuamente diferenciable.

1. Elige un valor inicial $x_0 = a$.

2. Deja que $x_{t+1} = x_t - H^{-1}\nabla f(x_t)$, donde $H = \nabla^2 f(x_t)$.

3. f alcanza un máximo en el valor x a que la secuencia $\{x_0, x_1, \ldots\}$ converge.

MAXIMIZACIÓN DE LA FUNCIÓN DE VEROSIMILITUD

Ahora volvemos a maximizar $L(\beta)$.

Recuerda que $L(\beta) = \sum_{i=1}^{N}\left[y_i\beta^T z_i' - log\left(1 + e^{\beta^T z_i'}\right)\right]$.

Tenga en cuenta que $L(\beta)$ es una función de valor real de $\beta = (\beta_0, \beta_1, \ldots, \beta_p)$. Entonces L es una función de $\mathbb{R}^{p+1}$ hasta $\mathbb{R}$. Además, L es dos veces continuamente diferenciable. Así podemos aplicar el método multivariado de Newton-Raphson.

1. Elija un valor inicial $\beta^{(0)} = (a_0, a_1, \ldots, a_p)$.

2. Deja que $\beta^{(t+1)} = \beta^{(t)} - H^{-1}\nabla L(\beta^{(t)})$, donde $H = \nabla^2 L(\beta^{(t)})$.

3. L alcanza un máximo en el valor β a que la secuencia $\{\beta^{(0)}, \beta^{(1)}, \ldots\}$ converge.

Para aplicar el método de Newton-Raphson, necesitamos encontrar el gradiente de L y la matriz hessiana de L.

Recuerda que $L(\beta) = \sum_{i=1}^{N}\left[y_i\beta^T z_i' - log\left(1 + e^{\beta^T z_i'}\right)\right]$.

$$\nabla L(\beta) = \frac{\partial L(\beta)}{\partial \beta} = \begin{bmatrix} \frac{\partial L(\beta)}{\partial \beta_0} \\ \vdots \\ \frac{\partial L(\beta)}{\partial \beta_p} \end{bmatrix}. \text{ Note que } \frac{\partial L(\beta)}{\partial \beta_j} = \sum_{i=1}^{N}\frac{\partial}{\partial \beta_j}\left[y_i\beta^T z_i' - log\left(1 + e^{\beta^T z_i'}\right)\right]$$

$$= \sum_{i=1}^{N}\left[y_i z_{ij} - \frac{1}{1+e^{\beta^T z_i'}}\cdot e^{\beta^T z_i'}\cdot z_{ij}\right]$$

$$= \sum_{i=1}^{N} z_{ij}\left(y_i - \frac{e^{\beta^T z_i'}}{1+e^{\beta^T z_i'}}\right)$$

$$= \sum_{i=1}^{N} z_{ij}(y_i - p(z_i; \beta))$$

$$\Rightarrow \quad \nabla L(\beta) = \begin{bmatrix} \sum_{i=1}^{N} z_{i0}(y_i - p(z_i; \beta)) \\ \sum_{i=1}^{N} z_{i1}(y_i - p(z_i; \beta)) \\ \vdots \\ \sum_{i=1}^{N} z_{ip}(y_i - p(z_i; \beta)) \end{bmatrix}$$

$$= \sum_{i=1}^{N} \begin{bmatrix} z_{i0}(y_i - p(z_i; \beta)) \\ z_{i1}(y_i - p(z_i; \beta)) \\ \vdots \\ z_{ip}(y_i - p(z_i; \beta)) \end{bmatrix}$$

$$= \sum_{i=1}^{N} \begin{bmatrix} z_{i0} \\ z_{i1} \\ \vdots \\ z_{ip} \end{bmatrix} (y_i - p(z_i; \beta))$$

$$= \sum_{i=1}^{N} z_i'(y_i - p(z_i; \beta))$$

Así, $\nabla L(\beta) = \sum_{i=1}^{N} z_i'(y_i - p(z_i; \beta))$.

Ahora, para la matriz hessiana:

$$H = \nabla^2 L(\beta) = (a_{tj}) \text{ donde } a_{tj} = \frac{\partial}{\partial \beta_t} \frac{\partial L(\beta)}{\partial \beta_j}.$$

Desde antes, sabemos $\frac{\partial L(\beta)}{\partial \beta_j} = \sum_{i=1}^{N} z_{ij}(y_i - \frac{e^{\beta^T z_i'}}{1 + e^{\beta^T z_i'}})$.

$$\Rightarrow \quad \frac{\partial}{\partial \beta_t} \frac{\partial L(\beta)}{\partial \beta_j} = \frac{\partial}{\partial \beta_t} \sum_{i=1}^{N} z_{ij}(y_i - \frac{e^{\beta^T z_i'}}{1 + e^{\beta^T z_i'}})$$

$$= \sum_{i=1}^{N} z_{ij} \left(-\frac{\left(1 + e^{\beta^T z_i'}\right)\left(e^{\beta^T z_i'} \cdot z_{it}\right) - e^{\beta^T z_i'} \cdot e^{\beta^T z_i'} \cdot z_{it}}{\left(1 + e^{\beta^T z_i'}\right)^2} \right) \quad \text{por la regla del cociente}$$

$$= \sum_{i=1}^{N} z_{ij} \left(-\frac{e^{\beta^T z_i'} + e^{2\beta^T z_i'} \cdot z_{it} - e^{2\beta^T z_i'} \cdot z_{it}}{\left(1 + e^{\beta^T z_i'}\right)^2} \right)$$

$$= \sum_{i=1}^{N} z_{ij} \left(-\frac{e^{\beta^T z_i'} \cdot z_{it}}{\left(1 + e^{\beta^T z_i'}\right)^2} \right)$$

$$= -\sum_{i=1}^{N} z_{ij} \left(\frac{e^{\beta^T z_i'} \cdot z_{it}}{\left(1 + e^{\beta^T z_i'}\right)} \right) \cdot \frac{1}{\left(1 + e^{\beta^T z_i'}\right)}$$

$$= -\sum_{i=1}^{N} z_{ij} z_{it} \left(\frac{e^{\beta^T z_i'}}{\left(1 + e^{\beta^T z_i'}\right)} \right) \cdot \frac{1}{\left(1 + e^{\beta^T z_i'}\right)}$$

$$= -\sum_{i=1}^{N} z_{ij} z_{it} \cdot p(z_i; \beta) \cdot (1 - p(z_i; \beta))$$

$$\Rightarrow \qquad \frac{\partial}{\partial \beta_t} \frac{\partial L(\beta)}{\partial \beta_j} = -\sum_{i=1}^{N} z_{ij} z_{it} \cdot p(z_i; \beta) \cdot (1 - p(z_i; \beta))$$

$$\Rightarrow \qquad \nabla^2 L(\beta) = -\sum_{i=1}^{N} z_i'(z_i')^T p(z_i; \beta)(1 - p(z_i; \beta))$$

Podemos expresar el gradiente $\nabla L(\beta)$ y la matriz hessiana $\nabla^2 L(\beta)$ en notación matricial como sigue:

Deja que $\boldsymbol{y} = \begin{bmatrix} y_1 \\ \vdots \\ y_N \end{bmatrix}$,

$$Z = \begin{bmatrix} z_{10} & z_{11} & \cdots & z_{1p} \\ \vdots & & & \\ z_{N0} & z_{N1} & \cdots & z_{Np} \end{bmatrix}, \qquad \text{(las filas de } Z \text{ consiste de los } z_i''s.)$$

$$\boldsymbol{p} = \begin{bmatrix} p(z_1; \beta) \\ \vdots \\ p(z_N; \beta) \end{bmatrix}, \text{y}$$

$$W = \begin{bmatrix} p(z_1; \beta)(1 - p(z_1; \beta)) & \cdots & 0 \\ \vdots & \ddots & \vdots \\ 0 & \cdots & p(z_N; \beta)(1 - p(z_N; \beta)) \end{bmatrix}.$$

Entonces, $\nabla L(\beta) = \sum_{i=1}^{N} z_i'(y_i - p(z_i; \beta)) = Z^T(\boldsymbol{y} - \boldsymbol{p})$.

$$\nabla^2 L(\beta) = -\sum_{i=1}^{N} z_i'(z_i')^T p(z_i; \beta)\big(1 - p(z_i; \beta)\big) = -Z^T W Z.$$

Así, en el método de Newton-Raphson,

$$\beta^{(t+1)} = \beta^{(t)} - H^{-1} \nabla L\big(\beta^{(t)}\big), \text{ donde } H = \nabla^2 L(\beta^{(t)})$$

$$= \beta^{(t)} - (-Z^T W Z)^{-1} Z^T(\boldsymbol{y} - \boldsymbol{p}) \quad \text{donde we sustituimos } \beta = \beta^{(t)} \text{ adentro } \boldsymbol{p} \text{ y adentro } W.$$

$$= \beta^{(t)} + (Z^T W Z)^{-1} Z^T(\boldsymbol{y} - \boldsymbol{p})$$

$$= (Z^T W Z)^{-1}(Z^T W Z)\beta^{(t)} + (Z^T W Z)^{-1} Z^T(\boldsymbol{y} - \boldsymbol{p})$$

$$= (Z^T W Z)^{-1}(Z^T W)(Z\beta^{(t)}) + (Z^T W Z)^{-1} Z^T W W^{-1}(\boldsymbol{y} - \boldsymbol{p})$$

$$= (Z^T W Z)^{-1}(Z^T W)(Z\beta^{(t)}) + (Z^T W Z)^{-1} Z^T W (W^{-1}(\boldsymbol{y} - \boldsymbol{p}))$$

$$= (Z^T W Z)^{-1}(Z^T W)\big[(Z\beta^{(t)} + W^{-1}(\boldsymbol{y} - \boldsymbol{p})\big]$$

$$= (Z^T W Z)^{-1}(Z^T W)\boldsymbol{v} \quad \text{donde } \boldsymbol{v} = Z\beta^{(t)} + W^{-1}(\boldsymbol{y} - \boldsymbol{p})$$

Así que podemos escribir el paso iterativo en el método de Newton-Raphson como:

$$\beta^{(t+1)} = (Z^T W Z)^{-1}(Z^T W)\boldsymbol{v} \qquad \text{donde } \boldsymbol{v} = Z\beta^{(t)} + W^{-1}(\boldsymbol{y} - \boldsymbol{p}).$$

Este método se llama ***mínimos cuadrados reelaborados iterativos***. En cada iteración, $\beta^{(t)}$ se actualiza, y también $\boldsymbol{p}$, W, y $\boldsymbol{v}$.

EJEMPLO: REGRESIÓN LOGÍSTICA

Supongamos que tenemos un conjunto de datos $(z_1 y_1), \dots, (z_5, y_5)$ como sigue:

$z_1 = (1,3), z_2 = (2,4), z_3 = (4,1), z_4 = (3,1), z_5 = (4,2)$ con

$y_1 = y_2 = y_3 = k_0 = 0$ y con $y_4 = y_5 = k_1 = 1$.

Aplica la regresión logística haciendo lo siguiente:

a) Busca la función de verosimilitud logaritmo $L(\beta)$.

b) Aplica mínimos cuadrados reelaborados iterativos para encontrar estimaciones para $\beta_0, \beta_1, \beta_2$.

c) Encuentre la función de probabilidad estimada $\hat{p}(x)$, donde $p(x) = \Pr(Y = 1 | X = x)$.

d) Clasifica un nuevo punto $x = (5,0)$ usando $\hat{p}(x)$.

Solución:

a) La función de verosimilitud logaritmo $L(\beta)$ es dado por

$$L(\beta) = \sum_{i=1}^{N} \left[y_i \beta^T z_i' - log\left(1 + e^{\beta^T z_i'}\right) \right]$$

$$= \sum_{i=1}^{5} \left[y_i \beta^T z_i' - log\left(1 + e^{\beta^T z_i'}\right) \right] \qquad \text{donde } \beta = (\beta_0, \beta_1, \beta_2) \text{ y donde } z_i' = \begin{bmatrix} 1 \\ z_{i1} \\ z_{i2} \end{bmatrix}$$

$$= -log\left(1 + e^{\beta_0 + \beta_1 + 3\beta_2}\right) - log\left(1 + e^{\beta_0 + 2\beta_1 + 4\beta_2}\right) - log\left(1 + e^{\beta_0 + 4\beta_1 + \beta_2}\right)$$
$$+ \beta_0 + 3\beta_1 + \beta_2 - log(1 + e^{\beta_0 + 3\beta_1 + \beta_2}) + \beta_0 + 4\beta_1 + 2\beta_2 - log(1 + e^{\beta_0 + 4\beta_1 + 2\beta_2})$$

b) En el método mínimos cuadrados reelaborados iterativos, elegimos un valor inicial $\beta^{(0)}$ y actualizamos $\beta^{(t)}$ por

$$\beta^{(t+1)} = (Z^T W Z)^{-1}(Z^T W)\boldsymbol{v} \quad \text{donde } Z = \begin{bmatrix} 1 & 1 & 3 \\ 1 & 2 & 4 \\ 1 & 4 & 1 \\ 1 & 3 & 1 \\ 1 & 4 & 2 \end{bmatrix}, \boldsymbol{y} = \begin{bmatrix} 0 \\ 0 \\ 0 \\ 1 \\ 1 \end{bmatrix}, \boldsymbol{p} = \begin{bmatrix} p(z_1; \beta) \\ \vdots \\ p(z_5; \beta) \end{bmatrix},$$

$$W = \begin{bmatrix} p(z_1; \beta)(1 - p(z_1; \beta)) & \cdots & 0 \\ \vdots & \ddots & \vdots \\ 0 & \cdots & p(z_5; \beta)(1 - p(z_5; \beta)) \end{bmatrix}, \text{y donde } \boldsymbol{v} = Z\beta^{(t)} + W^{-1}(\boldsymbol{y} - \boldsymbol{p})$$

Recuerda que $\left(z_i; \beta^{(t)}\right) = \dfrac{e^{\left(\beta^{(t)}\right)^T z_i'}}{1 + e^{\left(\beta^{(t)}\right)^T z_i'}}.$

Escojemos $\mathbf{0}$ como el valor inicial $\beta^{(0)}$.

Entonces, $\mathbf{p} = \begin{bmatrix} 1/2 \\ 1/2 \\ 1/2 \\ 1/2 \\ 1/2 \end{bmatrix}$, $W = \begin{bmatrix} 1/4 & \cdots & 0 \\ \vdots & \ddots & \vdots \\ 0 & \cdots & 1/4 \end{bmatrix}$, $\mathbf{v} = \begin{bmatrix} -2 \\ -2 \\ -2 \\ 2 \\ 2 \end{bmatrix}$

$$\implies \beta^{(1)} = \begin{bmatrix} -20/29 \\ 14/29 \\ -14/29 \end{bmatrix} \approx \begin{bmatrix} -.69 \\ .48 \\ -.48 \end{bmatrix}$$

Actualizamos $\mathbf{p}, W, \mathbf{v}$, y calculamos $\beta^{(2)}$.

$$\beta^{(2)} \approx \begin{bmatrix} -.974 \\ .61 \\ -.61 \end{bmatrix}$$

Si seguimos iterando, obtenemos

$$\beta^{(3)} \approx \begin{bmatrix} -1.046 \\ .641 \\ -.641 \end{bmatrix}$$

$$\beta^{(4)} \approx \begin{bmatrix} -1.05 \\ .642 \\ -.642 \end{bmatrix}$$

$\beta^{(5)}$ y $\beta^{(6)}$ son casi lo mismo a $\beta^{(4)}$. Entonces, $\beta^{(t)}$ converge a $\begin{bmatrix} -1.05 \\ .642 \\ -.642 \end{bmatrix}$. Las estimaciones para $\beta_0, \beta_1, \beta_2$ son $\widehat{\beta_0} = -1.05, \widehat{\beta_1} = 0.642, \widehat{\beta_2} = -.0642$.

c) La función de probabilidad estimada $\hat{p}(x)$ es dado por $\hat{p}(x) = \frac{e^{\widehat{\beta_0}+\widehat{\beta_1}x_1+\widehat{\beta_2}x_2}}{1+e^{\widehat{\beta_0}+\widehat{\beta_1}x_1+\widehat{\beta_2}x_2}}$.
Entonces $\hat{p}(x) = \frac{e^{-1.05+0.642x_1-0.642x_2}}{1+e^{-1.05+0.642x_1-0.642x_2}}$.

d) $\hat{p}(5,0) = 0.8966$. Como solo hay dos clases, clasificamos x a partir de la clase 1 si $\hat{p}(x) > 1/2$. Por lo tanto, clasificamos $(5,0)$ como parte de la clase 1. Tenga en cuenta que la configuración $\widehat{\beta_0} + \widehat{\beta_1}x_1 + \widehat{\beta_2}x_2$ hasta 0 nos da un límite de decisión que corresponde a $\hat{p}(x) = 1/2$. En este ejemplo, el límite de decisión está dado por $-1.05 + 0.642x_1 - 0.642x_2 = 0$. Esta es la línea $x_2 = x_1 - 1.6$. Aquí está lo que parece con los puntos de datos:

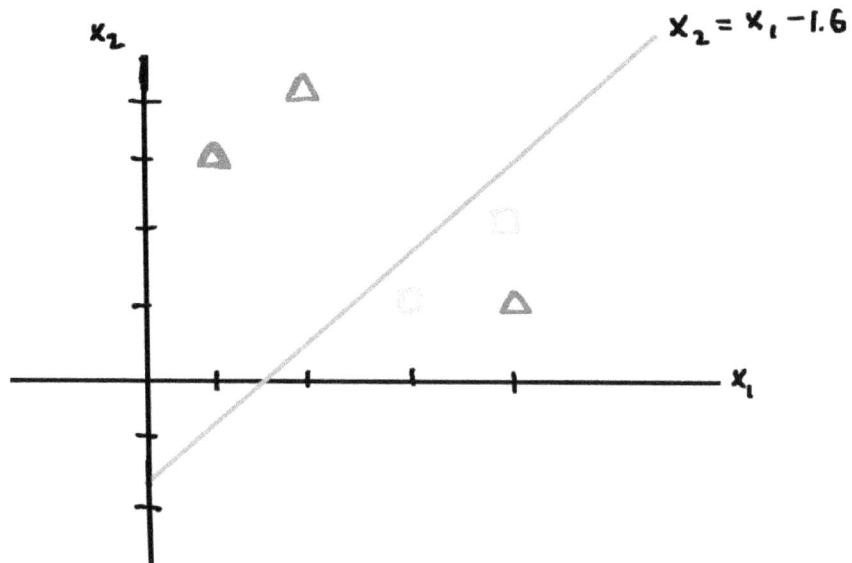

La desigualdad $x_2 > x_1 - 1.6$ corresponde a $\hat{p}(x) < 1/2$, y la desigualdad $x_2 < x_1 - 1.6$ corresponde a $\hat{p}(x) > 1/2$.

RESUMEN: REGRESIÓN LOGÍSTICA

- En regresión logística, estimamos $\Pr(Y = k \mid X = x)$ y escojemos la clase k para lo cual esta probabilidad es mayor.

- Estimamos $\Pr(Y = k \mid X = x)$ directamente asumiendo que las probabilidades logaritmos $\log\frac{p(x)}{1-p(x)}$ es una función lineal de los componentes de x. Eso es que, $\log\frac{p(x)}{1-p(x)} = \beta_0 + \beta_1 x_1 + \cdots + \beta_p x_p$ donde $x = \begin{bmatrix} x_1 \\ \vdots \\ x_p \end{bmatrix}$.

- Encontramos estimaciones para los parámetros $\beta_0, \ldots, \beta_p$ maximizando el la función de verosimilitud logaritmo $L(\beta)$.

- Maximizamos a función de verosimilitud logaritmo $L(\beta)$ usando el método de mínimos cuadrados reelaborados iterativos.

- Una vez que tengamos estimaciones $\widehat{\beta_0}, \ldots, \widehat{\beta_p}$, encontramos la función de probabilidad estimada $\hat{p}(x)$.

- Usando $\hat{p}(x)$, Podemos clasificar cualquier punto nuevo.

EJERCICIOS: REGRESIÓN LOGÍSTICA

1. Supongamos que tenemos un conjunto de datos $(z_1, y_1), \ldots, (z_5, y_5)$ como sigue:

   $z_1 = (1, 2), z_2 = (2, 1), z_3 = (2, 3), z_4 = (3, 2), z_5 = (1, 1)$ con

   $y_1 = y_2 = k_0 = 0$ y con $y_3 = y_4 = y_5 = k_1 = 1$.

   Aplica la regresión logística haciendo lo siguiente:

   a) Busca la función de verosimilitud logaritmo $L(\beta)$.

   b) Aplique el método de mínimos cuadrados reelaborados iterativos para encontrar estimaciones
      para $\beta_0, \beta_1, \beta_2$.

   c) Encuentre la función de probabilidad estimada $\hat{p}(x)$, donde $p(x) = \Pr(Y = 1 | X = x)$.

   d) Clasifica un nuevo punto $x = (1.5, 1)$ usando $\hat{p}(x)$.

SOLUCIONES: REGRESIÓN LOGÍSTICA

1. a) La función de verosimilitud logaritmo $L(\beta)$ es dado por

$$L(\beta) = \sum_{i=1}^{N} [y_i \beta^T z_i' - \log(1 + e^{\beta^T z_i'})]$$

$$
\begin{aligned}
= &-\log(1 + e^{\beta_0 + \beta_1 + 2\beta_2}) - \log(1 + e^{\beta_0 + 2\beta_1 + \beta_2}) \\
&+ \beta_0 + 2\beta_1 + 3\beta_2 - \log(1 + e^{\beta_0 + 2\beta_1 + 3\beta_2}) \\
&+ \beta_0 + 3\beta_1 + 2\beta_2 - \log(1 + e^{\beta_0 + 3\beta_1 + 2\beta_2}) \\
&+ \beta_0 + \beta_1 + \beta_2 - \log(1 + e^{\beta_0 + \beta_1 + \beta_2})
\end{aligned}
$$

b) En el método de mínimos cuadrados reelaborados iterativos, escogemos un valor inicial $\beta^{(0)}$ y actualizamos $\beta^{(t)}$ por

$$\beta^{(t+1)} = (Z^T W Z)^{-1} Z^T W v \quad \text{donde}$$

$$Z = \begin{bmatrix} 1 & 1 & 2 \\ 1 & 2 & 1 \\ 1 & 2 & 3 \\ 1 & 3 & 2 \\ 1 & 1 & 1 \end{bmatrix}, y = \begin{bmatrix} 0 \\ 0 \\ 1 \\ 1 \\ 1 \end{bmatrix}, p = \begin{bmatrix} p(z_1; \beta^{(t)}) \\ . \\ . \\ . \\ p(z_5; \beta^{(t)}) \end{bmatrix},$$

$$W = \begin{bmatrix} p(z_1; \beta^{(t)})(1 - p(z_1; \beta^{(t)})) & \cdots & 0 \\ \vdots & \ddots & \vdots \\ 0 & \cdots & p(z_5; \beta^{(t)})(1 - p(z_5; \beta^{(t)})) \end{bmatrix},$$

y donde $v = Z\beta^{(t)} + W^{-1}(y - p)$.

Recuerda que $(z_i; \beta^{(t)}) = \dfrac{e^{(\beta^{(t)})^T z_i'}}{1 + e^{(\beta^{(t)})^T z_i'}}$.

Elegiremos 0 como el valor inicial $\beta^{(0)}$.

Entonces, $p = \begin{bmatrix} 1/2 \\ 1/2 \\ 1/2 \\ 1/2 \\ 1/2 \end{bmatrix}, W = \begin{bmatrix} 1/4 & \cdots & 0 \\ \vdots & \ddots & \vdots \\ 0 & \cdots & 1/4 \end{bmatrix}, v = \begin{bmatrix} -2 \\ -2 \\ 2 \\ 2 \\ 2 \end{bmatrix}$

$$\Rightarrow \quad \beta^{(1)} = \begin{bmatrix} -2 \\ 2/3 \\ 2/3 \end{bmatrix} \approx \begin{bmatrix} -2 \\ 0.667 \\ 0.667 \end{bmatrix}$$

Actualizamos p, W, v y calculamos $\beta^{(2)}$.

$$\beta^{(2)} \approx \begin{bmatrix} -2.28 \\ 0.77 \\ 0.77 \end{bmatrix}.$$

Si seguimos iterando, obtenemos

$$\beta^{(3)} \approx \begin{bmatrix} -2.3 \\ 0.778 \\ 0.778 \end{bmatrix}$$

$$\beta^{(4)} \approx \begin{bmatrix} -2.3 \\ 0.778 \\ 0.778 \end{bmatrix}$$

$\beta^{(5)}$ y $\beta^{(6)}$ son casi lo mismo que $\beta^{(4)}$. Entonces, $\beta^{(t)}$ converge a $\begin{bmatrix} -2.3 \\ 0.778 \\ 0.778 \end{bmatrix}$.

Las estimaciones para $\beta_0, \beta_1, \beta_2$ son $\widehat{\beta_0} = -2.3, \widehat{\beta_1} = 0.778, \widehat{\beta_2} = 0.778$.

c) La función de probabilidad estimada $\hat{p}(x)$ es dado por $\hat{p}(x) = \frac{e^{\widehat{\beta_0}+\widehat{\beta_1}x_1+\widehat{\beta_2}x_2}}{1+e^{\widehat{\beta_0}+\widehat{\beta_1}x_1+\widehat{\beta_2}x_2}}.$

Entonces $\hat{p}(x) = \frac{e^{-2.3+0.778x_1+0.778x_2}}{1+e^{-2.3+0.778x_1+0.778x_2}}.$

d) $\hat{p}(1.5, 1) = 0.412$. Clasificamos x como parte de la clase 1 si $\hat{p}(x) > 1/2$ y como parte de la clase 0 si $\hat{p}(x) < 1/2$.

Por lo tanto, clasificamos $(1.5, 1)$ como parte de la clase 0. El límite de decisión está dado por

$$-2.3 + 0.778x_1 + 0.778x_2 = 0.$$

Esta es la línea $x_2 = -x_1 + 2.956$.

Aquí está lo que parece con los puntos de datos:

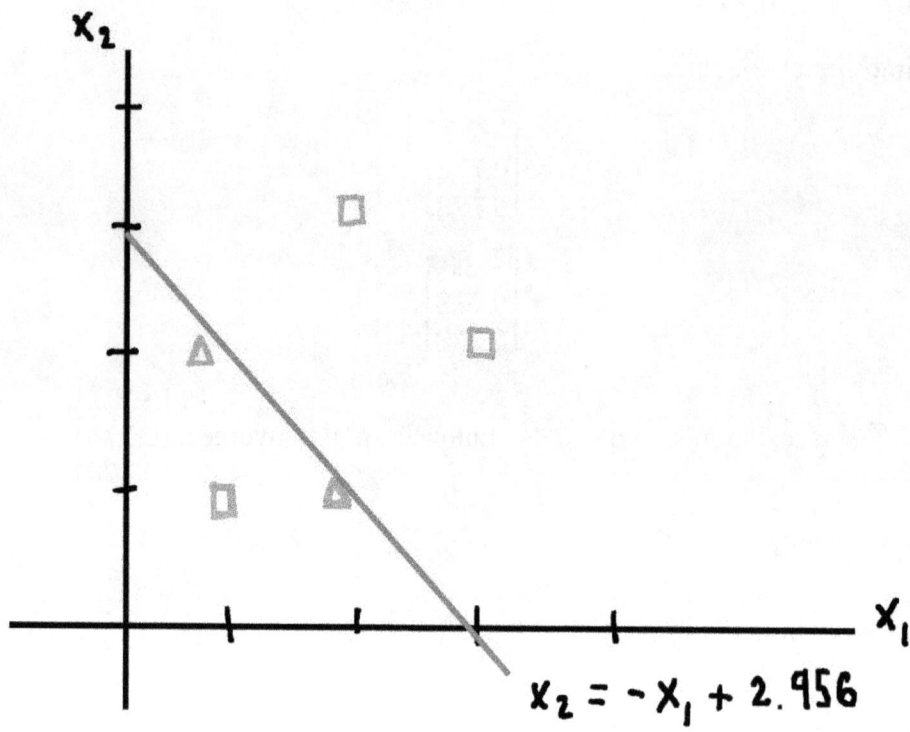

$$x_2 = -x_1 + 2.956$$

$x_2 > -x_1 + 2.956$ corresponde a $\hat{p}(x) > 1/2$, y

$x_2 < -x_1 + 2.956$ corresponde a $\hat{p}(x) < 1/2$.

5 – LAS REDES NEURONALES ARTIFICIALES

LAS REDES NEURONALES ARTIFICIALES

En esta sección, veremos un método para resolver problemas de regresión y clasificación que utiliza ciertas composiciones de funciones lineales y no lineales. Construimos funciones que involucran parámetros desconocidos que nos darán la predicción correcta o el valor de salida para cualquier entrada dada. El objetivo, entonces, sería encontrar los parámetros desconocidos que minimizan el error utilizando nuestros datos de entrenamiento. Las funciones que construimos pueden ser representadas por un diagrama de red.

MODELO NEURAL PARA FUNCIONES DE SALIDA

Suponga que $X_1, \ldots, X_p$ son algunas variables de entrada. Podemos representar estos como sigue:

Llamaremos a estas "unidades de entrada", y juntas forman la "capa de entrada" de la red neuronal.

Incluimos una unidad de entrada adicional que consiste en la constante 1:

Esta unidad de entrada adicional se llama **unidad de polarización**.

Ahora, supongamos que tomamos una combinación lineal de las unidades de entrada $\alpha_0 \cdot 1 + \alpha_1 X_1 + \cdots + \alpha_p X_p$.

Dejando que $\alpha = (\alpha_0, \alpha_1, \ldots, \alpha_p)$ y que $X = (1, X_1, \ldots, X_p)$, podemos reescribir la combinación lineal como $\alpha^T X$. Tal combinación lineal se llama una **activación**.

Supongamos que luego tomamos $h(\alpha^T X)$, donde h es un función diferenciable (posiblemente no lineal). h se llama una **función de activación**.

Supongamos que formamos M tales activaciones $a_i = \alpha_i^T X$ donde $\alpha_i = (\alpha_{i0}, \alpha_{i1}, \ldots, \alpha_{ip})$ y donde $i = 1, \ldots, M$.

Tomando h para cada activación a_i, obtenemos $Z_i = h(\alpha_i^T X)$ por cada $i = 1, \ldots, M$.

Podemos representar el Z_i como sigue:

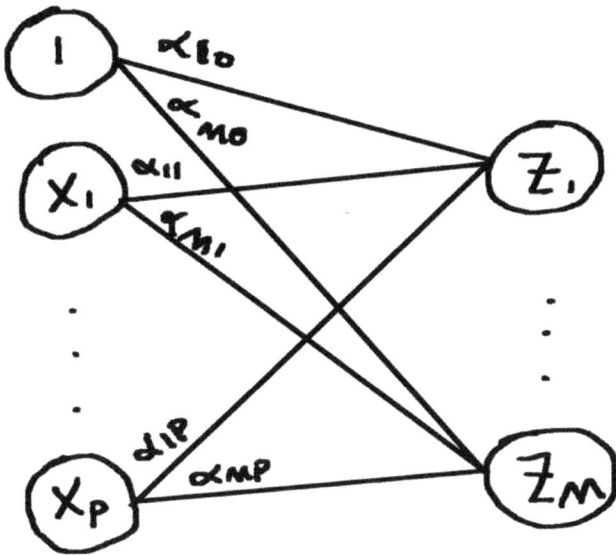

Los Z_i se llaman **unidades ocultas**, y juntos forman la **capa oculta** de la red neuronal. Los $\alpha_{ij}'s$ se llaman **pesos**.

De nuevo, incluimos una unidad oculta adicional que consiste en la constante 1:

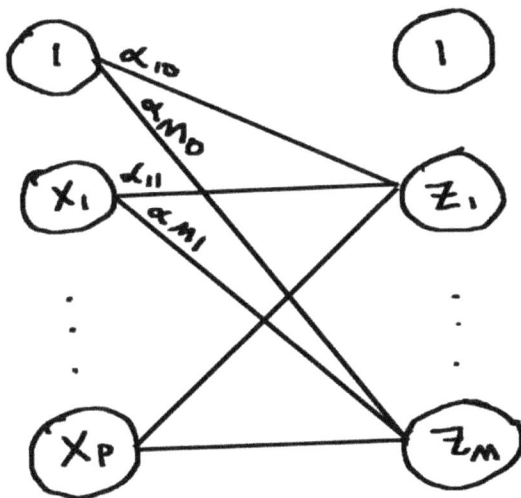

Podríamos continuar este proceso de crear más y más capas ocultas, pero no lo haremos por ahora.

Ahora, supongamos que tomamos una combinación lineal de las unidades ocultas $\beta_0 \cdot 1 + \beta_1 Z_1 + \cdots + \beta_M Z_M$. Dejando que $\beta = (\beta_0, \beta_1, \ldots, \beta_M)$ y que $Z = (1, Z_1, \ldots, Z_M)$, podemos reescribir la combinación lineal como $\beta^T Z$.

Supongamos que formamos K tales activaciones $b_k = \beta_k^T Z$ donde $\beta_k = (\beta_{k0}, \beta_{k1}, \ldots, \beta_{kM})$ y donde $k = 1, \ldots, K$.

Supongamos, para un fijo k, aplicamos alguna función de activación g_k al vector de activaciones $(b_1, \ldots, b_K)$ para obtener $Y_k = g_k(b_1, \ldots, b_K)$. Supongamos que tenemos tales funciones de activación g_k por cada $k = 1, \ldots, K$ y que definimos Y_k en la misma manera.

Podemos representar el Y_k como sigue:

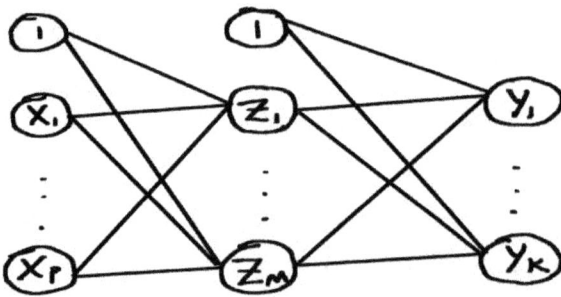

Los Y_k so llaman **unidades de salida**, y juntos forman la **capa de salida** de la red neuronal.

Escribiendo $Y_k = g_k(b_1, \ldots, b_K)$ más explícitamente, obtenemos

$Y_k = g_k(b_1, \ldots, b_K)$ donde $b_k = \beta_{k0} + \sum_{i=1}^{M} \beta_{ki} Z_i$

$\qquad = \sum_{i=0}^{M} \beta_{ki} Z_i$ si dejamos que $Z_0 = 1$

$\qquad = \sum_{i=0}^{M} \beta_{ki} h(\alpha_i^T X)$ si dejamos que $h(\alpha_0^T X) = 1$

$$= \sum_{i=0}^{M} \beta_{ki} h\left(\alpha_{i0} + \sum_{j=1}^{p} \alpha_{ij} X_j \right)$$

$\qquad = \sum_{i=0}^{M} \beta_{ki} h\left(\sum_{j=0}^{p} \alpha_{ij} X_j \right)$ si dejamos que $X_0 = 1$

Entonces b_k Puede verse como una composición de funciones lineales (unas combinaciones lineales) y posiblemente funciones no lineales en forma alternada. Más explícitamente, estamos tomando combinaciones lineales de $X_1, ..., X_p$ y de la unidad de polarización X_0 y aplicando la función de activación h a ellos para obtener $Z_1, ..., Z_M$. Así que estamos tomando combinaciones lineales de $Z_1, ..., Z_M$ y de la unidad de polarización Z_0 y aplicando la función de activación g_k a todos ellos para conseguir Y_k.

El diagrama de red que construimos tiene una sola capa oculta, y el modelo de red neuronal correspondiente se denomina como *perceptrón de una sola capa*. Si hay varias capas ocultas, el modelo de red neuronal correspondiente se denomina como *perceptron de multicapas*.

PROPAGACIÓN HACIA ADELANTE

Si se dan los pesos y las funciones de activación y damos valores para las unidades de entrada $X_1, ..., X_p$ en el diagrama de red, podemos calcular los valores para las unidades ocultas y, desde allí, las unidades de salida. En el diagrama, nos estamos moviendo de izquierda a derecha comenzando con la capa de entrada, moviéndonos hacia la capa oculta o capas ocultas y llegando a la capa de salida. Tal movimiento de información se conoce como *propagación hacia adelante*.

ELECCIÓN DE LAS FUNCIONES DE ACTIVACIÓN

Entonces, ¿cómo se utilizan los modelos de redes neuronales para resolver problemas de regresión y clasificación? Dependiendo del tipo de problema, se utilizan diferentes funciones de activación. Por lo general, la función de activación h es elegida para ser la función sigmoidea logística o la función $tanh$.

Para un problema de regresión, la función de activación de la unidad de salida g_k es típicamente elegido para ser el kth proyección para cada k para que $Y_k = g_k(b_1, ..., b_K)$

$$= \pi_k(b_1, ..., b_K)$$

$$= b_k$$

Esto tiene sentido para un problema de regresión ya que b_k es una combinación lineal del Z_i y potencialmente puede tomar cualquier valor real.

Para un problema de clasificación binaria, la función de activación de la unidad de salida g_k es típicamente elegido para ser la función sigmoide logística de la kth función de proyección para cada k para que

$$Y_k = g_k(b_1, \ldots, b_K)$$

$$= \sigma(\pi_k(b_1, \ldots, b_K))$$

$$= \sigma(b_k) \text{ donde } \sigma(u) = \frac{1}{1+e^{-u}}$$

La grafica de σ se ve así:

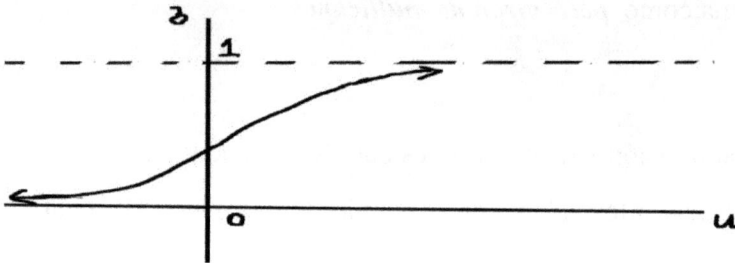

Así que $Y_k = \sigma(b_k)$ está entre 0 y 1. Esto tiene sentido para un problema de clasificación binaria. Y_k se puede interpretar como la probabilidad de que X es una clase de 1, y que $1 - Y_k$ se puede interpretar como la probabilidad de que X es una clase de 0.

Para un K-clase problema de clasificacion, la función de activación de la unidad de salida g_k es típicamente elegido para ser el kth Proyección de la función softmax para que

$$Y_k = g_k(b_1, \ldots, b_K)$$

$$= \pi_k\big(g(b_1, \ldots, b_K)\big),$$

donde g es la función softmax dada por $g(a_1, \ldots, a_m) = \left(\frac{e^{a_1}}{\sum_{i=1}^{m} e^{a_i}}, \ldots, \frac{e^{a_m}}{\sum_{i=1}^{m} e^{a_i}} \right)$

$$= \pi_k\left(\frac{e^{b_1}}{\sum_{i=1}^{K} e^{b_i}}, \ldots, \frac{e^{b_K}}{\sum_{i=1}^{K} e^{b_i}} \right)$$

$$= \frac{e^{b_k}}{\sum_{i=1}^{K} e^{b_i}}$$

Esto tiene sentido ya que cada Y_k está entre 0 y 1, y $\sum_{k=1}^{K} Y_k = 1$. Y_k se puede interpretar como la probabilidad de que X es una clase de k.

ESTIMACIÓN DE LAS FUNCIONES DE SALIDA

Hasta ahora, hemos construido valores de salida Y_k eso depende de una entrada x y que involucran un montón de parámetros desconocidos. Nuestro objetivo ahora es utilizar nuestros datos de entrenamiento para encontrar valores para los parámetros desconocidos que minimizan el error. Recordemos que, en nuestro diagrama de red, teníamos parámetros desconocidos α_{ij} donde $i = 1, \dots, M$ y donde $j = 0, \dots, p$ y β_{kl} donde $k = 1, \dots, K$ y $l = 0, \dots, M$. Llamamos a estos pesos. Formaremos el vector que consta de todos estos pesos y lo indicaremos por $\boldsymbol{w}$.

Para cada tipo de problema, ya sea de regresión, clasificación binaria o clasificación multiclase, vamos a utilizar una función de error diferente. La función de error $E(\boldsymbol{w})$ resultará ser una suma de funciones de error $E_n(\boldsymbol{w})$, donde $n = 1, \dots, N$ y donde N es el numero de puntos de entrenamiento. Deja que $\{(x_n, t_{nk}) | n = 1, \dots, N \text{ y } k = 1, \dots, K\}$ ser el conjunto de datos de entrenamiento.

$E(\boldsymbol{w}) = \sum_{n=1}^{N} E_n(\boldsymbol{w})$ donde $E_n(\boldsymbol{w})$ dependerá del tipo de problema.

FUNCIÓN DE ERROR PARA REGRESIÓN

Veamos primero la regresión. Los datos de entrenamiento consistirán en parejas (x_n, t_{nk}) donde $t_{nk} \in \mathbb{R}$ y donde $n = 1, \dots, N$ y donde $k = 1, \dots, K$.

En nuestro modelo de red neuronal, vamos a utilizer Y_k para modelar el kth respuesta para la entrada x. Deja que $f_k(x)$ sea Y_k según lo definido por el modelo de red neuronal con entrada x.

Queremos encontrar el conjunto de pesos que minimiza la función de error de suma de cuadrados
$$E(\boldsymbol{w}) = \sum_{n=1}^{N} \sum_{k=1}^{K} (f_k(x_n) - t_{nk})^2$$

Esto es análogo a minimizar la suma residual de cuadrados en regresión lineal. Escalando la función de error por $\frac{1}{2}$ no hace una diferencia en la minimización. Entonces podemos escribir

$$E(\boldsymbol{w}) = \sum_{n=1}^{N} E_n(\boldsymbol{w}) \text{ donde } E_n(\boldsymbol{w}) = \frac{1}{2} \sum_{k=1}^{K} (f_k(x_n) - t_{nk})^2.$$

Lo hacemos por conveniencia computacional.. $E(\boldsymbol{w})$ se llama *función de error de suma de cuadrados*.

FUNCIÓN DE ERROR PARA LA CLASIFICACIÓN BINARIA

A continuación, veamos la clasificación binaria. Los datos de entrenamiento consistirán en parejas (x_n, t_{nk}) donde $t_{nk} \in \{0,1\}$ y donde $n = 1, \dots, N$ y donde $k = 1, \dots, K$. Deja que t_k sea la variable de salida.

Deja que $p_k(x) = \Pr(t_k = 1 | X = x)$, la probabilidad condicional de que t_k es 1 dado que la variable de entrada X es x.

Deja que n sea fijo.

Los valores de t_k son 0 o 1. La probabilidad de los datos observados para x_n viene dada por el producto de las probabilidades que $t_k = 1$ para esos k tal que $t_{nk} = 1$ y las probabilidades que $t_k = 0$ para esos k tal que $t_{nk} = 0$. Así que,

$$\prod_{k:t_{nk}=1} \Pr(t_k = 1 | X = x_n) \prod_{k:t_{nk}=0} \Pr(t_k = 0 | X = x_n)$$

Porque $\Pr(t_k = 0 | X = x_n) = 1 - \Pr(t_k = 1 | X = x_n)$, podemos reescribir el producto como

$$\prod_{k:t_{nk}=1} Pr(t_k = 1 | X = x_n) \prod_{k:t_{nk}=0} 1 - Pr(t_k = 1 | X = x_n)$$

$$= \prod_{k:t_{nk}=1} p_k(x_n) \prod_{k:t_{nk}=0} (1 - p_k(x_n))$$

Podemos reescribir esto como $\prod_{k=1}^{K} \left(p_k(x_n)\right)^{t_{nk}} (1 - p_k(x_n))^{1-t_{nk}}$. Esta es la probabilidad de los datos observados para un fijo x_n. La probabilidad de los datos observados para todos los x_n's es

$$\prod_{n=1}^{N} \prod_{k=1}^{K} \left(p_k(x_n)\right)^{t_{nk}} (1 - p_k(x_n))^{1-t_{nk}}$$

Queremos maximizar la probabilidad de nuestros datos observados dados por este producto.

En nuestro modelo de red neuronal, vamos a utilizar el Y_k's para modelar las probabilidades condicionales $p_k(x)$s. Deja que $f_k(x)$ sea Y_k según lo definido por el modelo de red neuronal con entrada x.

En nuestro producto, reemplazar $p_k(x_n)$ con $f_k(x_n)$ para obtener $\prod_{n=1}^{N} \prod_{k=1}^{K} \left(f_k(x_n)\right)^{t_{nk}} (1 - f_k(x_n))^{1-t_{nk}}$. Esta es nuestra función de probabilidad. Queremos encontrar el conjunto de pesos que maximiza la función de probabilidad. Maximizar la función de probabilidad es equivalente a minimizar el negativo de la función de probabilidad logaritmo. Tomando el logaritmo y el negativo de la función nos da,

$$-\sum_{n=1}^{N}\sum_{k=1}^{K}[t_{nk}\log f_k(x_n)+(1-t_{nk})\log(1-f_k(x_n))]$$

Así que $E(\mathbf{w})=\sum_{n=1}^{N}E_n(w)$ donde $E_n(\mathbf{w})=-\sum_{k=1}^{K}[t_{nk}\log f_k(x_n)+(1-t_{nk})log(1-f_k(x_n))]$.
$E(\mathbf{w})$ se llama la ***función de error de entropía cruzada***.

FUNCIÓN DE ERROR PARA CLASIFICACIÓN DE MULTIVARIABLE

A continuación, veamos la clasificación multi-clase. Los datos de entrenamiento consistirán en parejas (x_n,t_{nk}) donde $t_{nk}\in\{0,1\}$ y donde $n=1,\dots,N$ y donde $k=1,\dots,K$.

Deja que t_k sea las variables de salida. Deja que $p_k(x)=\Pr(t_k=1|X=x)$, la probabilidad condicional de que t_k es 1 dado que la entrada X es x.

Deja que n sea fijo.

Los valores de t_k son 0 o 1. solo uno de los valores de t_k es 1 y los demás son 0. La probabilidad de los datos observados para x_n viene dada por la probabilidad de que $t_k=1$ para ese k tal que $t_{nk}=1$. Así que, $\Pr(t_k=1|X=x_n)$. Podemos reescribir esto como $p_k(x_n)=\prod_{k=1}^{K}(p_k(x_n))^{t_{nk}}$. Esta es la probabilidad de los datos observados para un fijo x_n. La probabilidad de los datos observados para todos los x_n's es

$$\prod_{n=1}^{N}\prod_{k=1}^{K}(p_k(x_n))^{t_{nk}}$$

Queremos maximizar la probabilidad de nuestros datos observados dados por este producto.

En nuestro modelo de red neuronal, vamos a utilizar los Y_k's modelar las probabilidades condicionales $p_k(x)$'s. Deja que $f_k(x)$ sea Y_k según lo definido por el modelo de red neuronal con entrada x.

En nuestro producto, reemplazar $p_k(x_n)$ con $f_k(x_n)$ para obtener $\prod_{n=1}^{N}\prod_{k=1}^{K}(f_k(x_n))^{t_{nk}}$. Esta es nuestra función de probabilidad. Queremos encontrar el conjunto de pesos que maximiza la función de probabilidad. Maximizar la función de probabilidad es equivalente a minimizar el negativo de la función de probabilidad logaritmo. Tomando el logaritmo y el negativo de la función nos da

$$-\sum_{n=1}^{N}\sum_{k=1}^{K} t_{nk}\log f_k(x_n)$$

Así que $E(\boldsymbol{w}) = \sum_{n=1}^{N} E_n(\boldsymbol{w})$ donde $E_n(\boldsymbol{w}) = -\sum_{k=1}^{K} t_{nk}\, log\, f_k(x_n)$.

$E(\boldsymbol{w})$ se conoce como *función de error de entropía cruzada multi-clase*.

MINIMIZACIÓN DE LA FUNCIÓN DE ERROR UTILIZANDO EL MÉTODO DE DESCENSO POR GRADIENTE

Hasta ahora, hemos visto que, para cada tipo de problema, hay una función de error correspondiente $E(\boldsymbol{w})$. El método que utilizamos para minimizar $E(\boldsymbol{w})$ es descenso por gradiente.

Descenso por gradiente es un proceso iterativo donde comenzamos con un valor inicial para $\boldsymbol{w}$ y actualizamos $\boldsymbol{w}$ como sigue:

$$\boldsymbol{w}^{(\tau+1)} = \boldsymbol{w}^{(\tau)} - \eta \nabla E(\boldsymbol{w}^{(\tau)})$$

η se llama la *proporción de aprendizaje*.

En el proceso de actualización de $\boldsymbol{w}$, necesitamos encontrar el gradiente de la función de error.

$E(\boldsymbol{w})$ Es una función de todos los pesos individuales. Deja que w_{ji} denota el peso de la conexión que va desde la unidad i a la unidad j, donde la unidad i es la unidad ith en alguna capa and la unidad j es la unidad jth en la siguiente capa.

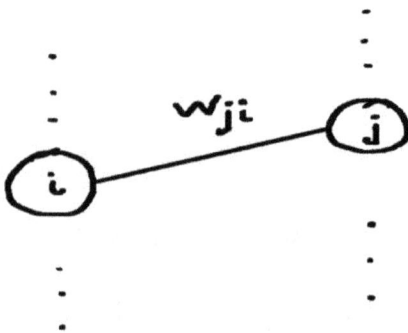

$\nabla E(\boldsymbol{w})$ es el vector constituido por todas las derivadas parciales $\frac{\partial E(\boldsymbol{w})}{\partial w_{ji}}$.

Así que porque $E(\boldsymbol{w}) = \sum_{n=1}^{N} E_n(\boldsymbol{w})$, $\frac{\partial E(\boldsymbol{w})}{\partial w_{ji}} = \sum_{n=1}^{N} \frac{\partial E_n(\boldsymbol{w})}{\partial w_{ji}}$.

Así que solo tenemos que calcular $\frac{\partial E_n(\boldsymbol{w})}{\partial w_{ji}}$ por cada n.

Supongamos que l es una unidad sin bies en la misma capa que la unidad j. Recordemos que hay una activación a_l, correspondiente a la unidad l, que es una combinación lineal de todas las unidades de la capa anterior.

Nota que $E_n(\boldsymbol{w})$ se puede ver como una función de las activaciones a_l. Por la regla de la cadena multivariable, $\frac{\partial E_n(\boldsymbol{w})}{\partial w_{ji}} = \sum_l \frac{\partial E_n(\boldsymbol{w})}{\partial a_l} \cdot \frac{\partial a_l}{\partial w_{ji}}$, donde l se ejecuta en todas las unidades sin bies en la misma capa que la unidad j. Sin embargo, a_l no depende de w_{ji} a menos que $l = j$.

Entonces $\frac{\partial a_l}{\partial w_{ji}} = 0 \ \forall l \neq j$.

$\implies \frac{\partial E_n(\boldsymbol{w})}{\partial w_{ji}} = \sum_l \frac{\partial E_n(\boldsymbol{w})}{\partial a_l} \cdot \frac{\partial a_l}{\partial w_{ji}} = \frac{\partial E_n(\boldsymbol{w})}{\partial a_j} \cdot \frac{\partial a_j}{\partial w_{ji}}$.

Ahora, $a_j = \sum_s w_{js} z_s$ donde s corre sobre todas las unidades de la capa anterior a la capa por unidad j y z_s es el valor de la unidad s.

$\implies \frac{\partial a_j}{\partial w_{ji}} = z_i$.

Así, $\frac{\partial E_n(\boldsymbol{w})}{\partial w_{ji}} = \frac{\partial E_n(\boldsymbol{w})}{\partial a_j} \cdot z_i$.

Deja que $\delta_j \equiv \frac{\partial E_n(\boldsymbol{w})}{\partial a_j}$.

$\implies \frac{\partial E_n(\boldsymbol{w})}{\partial w_{ji}} = \delta_j z_i$.

ECUACIONES DE PROPAGACIÓN HACIA ATRÁS

Nos queda por encontrar δ_j.

Si j es una unidad de salida k, entonces se puede mostrar que $\delta_k = f_k(x_n) - t_{nk}$. (Mostrarás esto en los ejercicios.)

Si no, j es una unidad oculta. Tenga en cuenta que podemos ver $E_n(\boldsymbol{w})$ como una función de las activaciones a_k correspondiente a las unidades sin bies k en la capa después de la capa de unidad j.

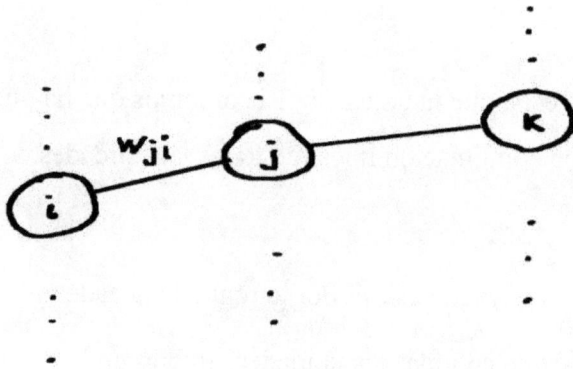

Por la regla de la cadena multivariable,

$$\delta_j = \frac{\partial E_n(\boldsymbol{w})}{\partial a_j} = \sum_k \frac{\partial E_n(\boldsymbol{w})}{\partial a_k} \cdot \frac{\partial a_k}{\partial a_j},$$

donde k corre sobre todas las unidades que no son de bies en la capa después de la capa de la unidad j.

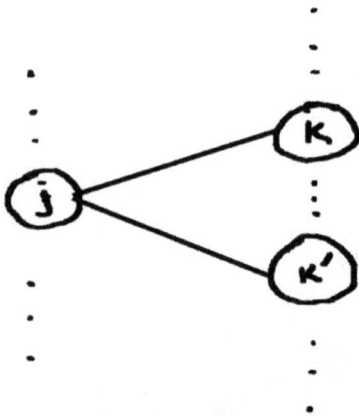

Ahora, $a_k = \sum_t w_{kt} h(a_t)$ donde t corre sobre todas las unidades en la capa para j y h es alguna función de activación.

$$\Rightarrow \frac{\partial a_k}{\partial a_j} = w_{kj} h'(a_j).$$

Dejando que $\delta_k \equiv \frac{\partial E_n(w)}{\partial a_k}$, obtenemos que

$$\delta_j = \sum_k \delta_k w_{kj} h'(a_j)$$

$$= h'(a_j) \sum_k w_{kj} \delta_k$$

Así δ_j es determinado por los δ_k's por todas esas unidades k para lo cual hay una conexión que va desde la unidad j a la unidad k. Las ecuaciones $\delta_j = h'(a_j) \sum_k w_{kj} \delta_k$ se llama **las equaciones de propagación hacia atrás**.

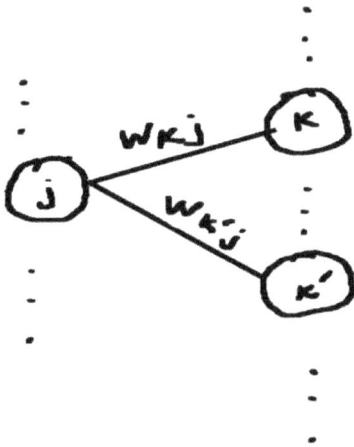

La información se propaga hacia atrás desde las unidades k hasta la unidad j.

RESUMEN DE PROPAGACIÓN HACIA ATRÁS

Para resumir, $\frac{\partial E(w)}{\partial w_{ji}} = \sum_{n=1}^{N} \frac{\partial E_n(w)}{\partial w_{ji}}$ donde $\frac{\partial E_n(w)}{\partial w_{ji}} = \delta_j z_i$,

$$\delta_k = f_k(x_n) - t_{nk} \text{ si } k \text{ es una unidad de salida, y}$$

$$\delta_j = h'(a_j) \sum_k w_{kj} \delta_k \text{ si } j \text{ es una unidad oculta.}$$

Podríamos encontrar el δ_k's para todas las unidades de salida k, y después, conectar estos ecuaciones de propagación hacia atrás para encontrar el δ_j's para todas las unidades ocultas j en la capa justo antes de la capa de salida. Después usaríamos los δ_j's para buscar la δ's en la siguiente capa, continuando de esta manera hasta que encontremos toda las δ's. Este proceso de encontrar $\nabla E(\boldsymbol{w})$ se conoce como ***propagación hacia atrás***.

RESUMEN: LAS REDES NEURONALES ARTIFICIALES

- Comenzamos utilizando un diagrama de red neuronal para construir funciones de salida $f_k(x)$ para cada unidad de salida k.

- Usamos pesos y funciones de activación para construir las funciones de salida.

- Luego usamos los datos de entrenamiento y una función de error elegida $E(\boldsymbol{w})$ para encontrar valores para los pesos. Lo hicimos minimizando la función de error.

- Para problemas de regresión, utilizamos la función de error de suma de cuadrados junto con la función de activación de salida $g_k(b_1, \ldots, b_K) = b_k$.

- Para problemas de clasificación binaria, utilizamos la función de error de entropía cruzada junto con la función de activación de salida $g_k(b_1, \ldots, b_K) = \sigma(b_k)$, donde σ es la función sigmoidea logística.

- Para problemas de clasificación multiclase, usamos la función de error de entropía cruzada multiclase junto con la función de activación de salida $g_k(b_1, \ldots, b_K) = \frac{e^{b_k}}{\sum_{i=1}^{K} e^{b_i}}$, donde $g_k = \pi_k \circ g$ y g es la función softmax.

- Para minimizar $E(\boldsymbol{w})$, usamos el método de descenso de gradiente que require encontrar $\nabla E(\boldsymbol{w}^{(\tau)})$. Para encontrar a $\nabla E(\boldsymbol{w}^{(\tau)})$, utilizamos la propagación hacia atrás.

EJERCICIOS: LAS REDES NEURONALES ARTIFICIALES

1. En el proceso de buscar $\nabla E(\boldsymbol{w})$, vimos que $\frac{\partial E_n(\boldsymbol{w})}{\partial w_{ji}} = \delta_j z_i$, donde $\delta_j \equiv \frac{\partial E_n(\boldsymbol{w})}{\partial a_j}$.

   Teorema: Si j es una unidad de salida k, entonces $\delta_k = f_k(x_n) - t_{nk}$.

   a) Muestra que la teorema anteriores funciona para $E_n(\boldsymbol{w}) = \frac{1}{2}\sum_{k=1}^{K}(f_k(x_n) - t_{nk})^2$, correspondiente a la función de error de suma de cuadrados, donde $f_k(x_n) = b_k$ (la activacion para la unidad k).

   b) Muestra que la teorema anteriores funciona para
   $E_n(\boldsymbol{w}) = -\sum_{k=1}^{K}[t_{nk}\log f_k(x_n) + (1 - t_{nk})\log(1 - f_k(x_n))]$, correspondiente a la función de error de entropía cruzada, donde $f_k(x_n) = \sigma(b_k)$ con $\sigma(u) = \frac{1}{1+e^{-u}}$.

   c) Muestra que la teorema anteriores funciona para $E_n(\boldsymbol{w}) = -\sum_{k=1}^{K} t_{nk}\log f_k(x_n)$, correspondiente a la función de error de entropía cruzada multiclase, donde $f_k(x_n) = \frac{e^{b_k}}{\sum_{i=1}^{K} e^{b_i}}$.

2. Considere una red neuronal con una sola capa oculta utilizada para resolver un problema de regresión. Supongamos que la función de activación de la unidad occulta h es la función sigmoidea logística $h(u) = \frac{1}{1+e^{-u}}$ y la función de activación de la unidad de salida g_k es dado por $g_k(b_1, ..., b_K) = b_k$ así que $Y_k = b_k$.
   Deja que la función de error $E(\boldsymbol{w})$ sea la función de error de suma de cuadrados $E(\boldsymbol{w}) = \sum_{n=1}^{N} E_n(\boldsymbol{w})$, donde $E_n(\boldsymbol{w}) = \sum_{k=1}^{K}(f_k(x_n) - t_{nk})^2$.

   a) Calcula $\delta_j \equiv \frac{\partial E_n(\boldsymbol{w})}{\partial a_j}$ para el caso cuando j es una unidad de salida y cuando j es una unidad oculta.

   b) Después calcula $\frac{\partial E_n(\boldsymbol{w})}{\partial w_{ji}}$ donde w_{ji} es un peso para una conexión que va desde la capa de entrada a la capa oculta.

   c) Calcula $\frac{\partial E_n(\boldsymbol{w})}{\partial w_{kj}}$ donde w_{kj} es un peso para una conexión que va desde la capa oculta a la capa de salida.

SOLUCIONES: LAS REDES NEURONALES ARTIFICIALES

1. a) Si j es una unidad de salida k, así que $\delta_k = \frac{\partial E_n(\boldsymbol{w})}{\partial b_k}$ donde b_k es la activacion para unidad k.

$$E_n(\boldsymbol{w}) = \frac{1}{2}\sum_{k=1}^{K}(f_k(x_n) - t_{nk})^2$$

$$= \frac{1}{2}\sum_{k=1}^{K}(b_k - t_{nk})^2$$

$\implies \frac{\partial E_n(\boldsymbol{w})}{\partial b_k} = \frac{1}{2}\frac{\partial(b_k - t_{nk})^2}{\partial b_k} = b_k - t_{nk} = f_k(x_n) - t_{nk}.$

$\implies \delta_k = f_k(x_n) - t_{nk}.$

b) Si j es una unidad de salida k, así que $\delta_k = \frac{\partial E_n(\boldsymbol{w})}{\partial b_k}$ donde b_k es la activacion para unidad k.

$$E_n(\boldsymbol{w}) = -\sum_{k=1}^{K}[t_{nk}\log f_k(x_n) + (1 - t_{nk})\log(1 - f_k(x_n))]$$

$$= -\sum_{k=1}^{K}[t_{nk}\log\sigma(b_k) + (1 - t_{nk})\log(1 - \sigma(b_k))]$$

$\implies \frac{\partial E_n(\boldsymbol{w})}{\partial b_k} = -\frac{\partial[t_{nk}\log\sigma(b_k)+(1-t_{nk})\log(1-\sigma(b_k))]}{\partial b_k}$

$= -[t_{nk}\frac{1}{\sigma(b_k)}\cdot\sigma'(b_k) + (1 - t_{nk})\cdot\frac{1}{1-\sigma(b_k)}\cdot(-\sigma'(b_k))]$

$= -[t_{nk}\frac{1}{\sigma(b_k)}\cdot\sigma(b_k)(1-\sigma(b_k)) + (1 - t_{nk})\cdot\frac{1}{1-\sigma(b_k)}\cdot(-\sigma(b_k)\cdot(1-\sigma(b_k)))]$

porque $\sigma' = \sigma(1-\sigma)$

$= -[t_{nk}(1 - \sigma(b_k)) + (1 - t_{nk})(-\sigma(b_k))]$

$= -[t_{nk} - \sigma(b_k)]$
$= \sigma(b_k) - t_{nk}$
$= f_k(x_n) - t_{nk}$

$\implies \delta_k = f_k(x_n) - t_{nk}.$

c) $E_n(\mathbf{w}) = -\sum_{k=1}^{K} t_{nk} \log f_k(x_n)$

$$= -\sum_{k=1}^{K} t_{nk} \log\left(\frac{e^{b_k}}{\sum_{i=1}^{K} e^{b_i}}\right)$$

$$\Rightarrow \frac{\partial E_n(\mathbf{w})}{\partial b_k} = \frac{\partial\left(-\sum_{j=1}^{K} t_{nj} \log\left(\frac{e^{b_j}}{\sum_{i=1}^{K} e^{b_i}}\right)\right)}{\partial b_k}$$

$$= -\sum_{j\neq k} t_{nj} \frac{\partial \log\left(\frac{e^{b_j}}{\sum_{i=1}^{K} e^{b_i}}\right)}{\partial b_k} - t_{nk} \frac{\partial \log\left(\frac{e^{b_k}}{\sum_{i=1}^{K} e^{b_i}}\right)}{\partial b_k}$$

$$= -\sum_{j\neq k} t_{nj} \frac{1}{f_j(x_n)} \cdot (-f_k(x_n)f_j(x_n)) - t_{nk} \cdot \frac{1}{f_k(x_n)} \cdot f_k(x_n)(1 - f_k(x_n))$$

$$= -\sum_{j\neq k} t_{nj} (-f_k(x_n)) - t_{nk}(1 - f_k(x_n))$$

$$= f_k(x_n) \sum_{j\neq k} t_{nj} + t_{nk}f_k(x_n) - t_{nk}$$

$$= f_k(x_n) \sum_{j} t_{nj} - t_{nk}$$

$$= f_k(x_n) - t_{nk} \quad \text{porque } \sum_j t_{nj} = 1$$

$$\Rightarrow \delta_k = f_k(x_n) - t_{nk}$$

2. a) Si j es una unidad de salida k, entonces $\delta_k = \frac{\partial E_n(\mathbf{w})}{\partial b_k}$ donde b_k es la activacion para unidad k. Del problema 1, ya sabemos que $\delta_k = f_k(x_n) - t_{nk}$

$\Rightarrow \quad \delta_k = b_k - t_{nk}.$

Si j es una unidad oculta, entonces (por las ecuaciones de propagación hacia atrás),

$\delta_j = h'(a_j) \sum_k w_{kj} \delta_k$ donde k pasa sobre todas las unidades sin bies en la capa después de la capa para unidad j.

$$= h(a_j)(1 - h(a_j)) \sum_k w_{kj} \delta_k \text{ porque } h' = h(1 - h).$$

b) $\frac{\partial E_n(\mathbf{w})}{\partial w_{ji}} = \delta_j z_i$ donde z_i es el valor para unidad i en la capa de entrada.

Porque j es una unidad oculta, $\delta_j = h(a_j)(1 - h(a_j)) \sum_k w_{kj} \delta_k$.

c) $\frac{\partial E_n(w)}{\partial w_{kj}} = \delta_k z_j$ donde z_j es el valor para la unidad j en la capa oculta.

Porque k es una unidad de salida,

$$\delta_k = f_k(x_n) - t_{nk}$$

$$= b_k - t_{nk} \quad \text{donde } b_k \text{ es la activacion para unidad } k.$$

6 – CLASIFICADOR DE MARGEN MÁXIMO

CLASIFICADOR DE MARGEN MÁXIMO

En esta sección, y en las siguientes dos secciones, veremos algunos métodos adicionales para resolver problemas de clasificación. Veremos el clasificador de margen máximo, el clasificador de vectores de soporte y la máquina de vectores de soporte. Nos centraremos en el caso de dos clases etiquetadas 1 y -1.

Supongamos que $(x_1, y_1), ..., (x_N, y_N)$ son nuestros puntos de datos de entrenamiento. Cada x_i es un vector $\begin{bmatrix} x_{i1} \\ \vdots \\ x_{ip} \end{bmatrix}$ de p dimensiones y $y_i \in \{-1, 1\}$. Por ejemplo, si $p = 2$, x_i son puntos en el plano bidimensional. Si marcamos los puntos x_i, podríamos tener algo como esto:

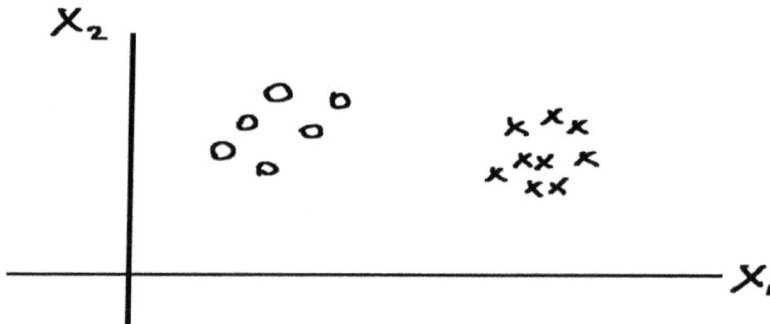

Los círculos indican la clase 1 y los x's indican la clase -1. En este ejemplo, los puntos parecen ser separables por una línea.

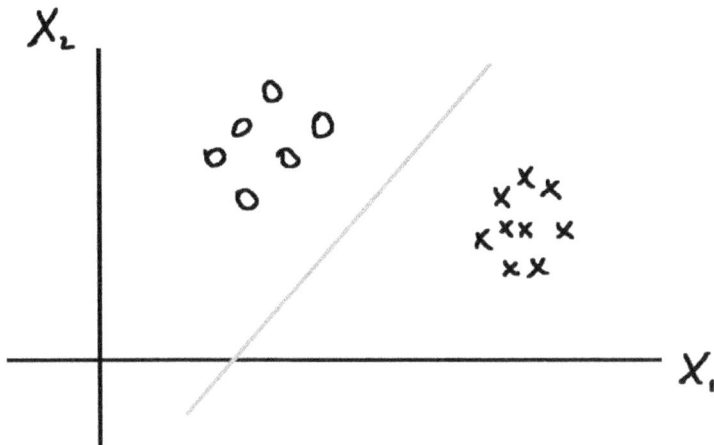

Si los x_i's son separables asi por una linea cuando $p = 2$, o por un hiperplano más generalmente, luego podemos usar dicha línea para separar las dos clases y clasificar cualquier punto nuevo en función del lado de la línea en el que se encuentra el punto. El clasificador de margen máximo se utiliza en este caso. Si los x_i's no puede ser separado por una línea (o hiperplano), todavía podemos tratar de separar las dos clases con una línea (o hiperplano) usando el clasificador de vectores de soporte. Finalmente, si queremos un límite de decisión no lineal que separa las dos clases, podemos usar la máquina de vectores de soporte.

DEFINICIONES DE HIPERPLANO SEPARADO Y MARGEN

Primero, comencemos con el clasificador de margen máximo.

Queremos definir qué es un hiperplano. Los x_i's están en $\mathbb{R}^p$, un espacio vectorial de p-dimensiones. Un *hiperplano* en $\mathbb{R}^p$, para algunas constants $\beta_0, \dots, \beta_p$, es el conjunto de puntos $(X_1, \dots, X_p)$ tal que

$$\beta_0 + \beta_1 X_1 + \cdots + \beta_p X_p = 0.$$

Si $p = 2$, un hiperplano en $\mathbb{R}^2$ es una línea. Si $p = 3$, un hiperplano en $\mathbb{R}^3$ es un plano.

Digamos que nuestro x_i's son separables por un hiperplano. Por ejemplo

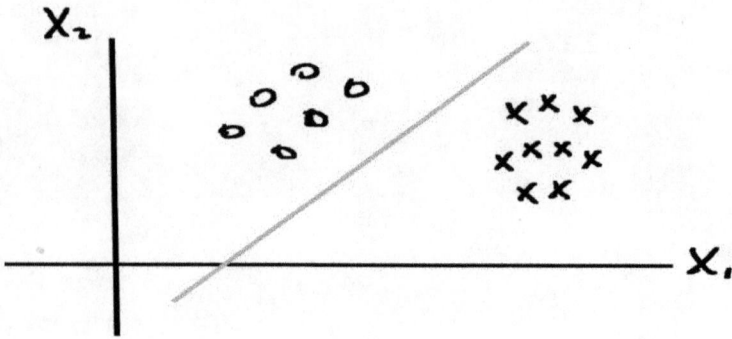

Tenga en cuenta que hay múltiples hiperplanos que separan nuestros puntos.

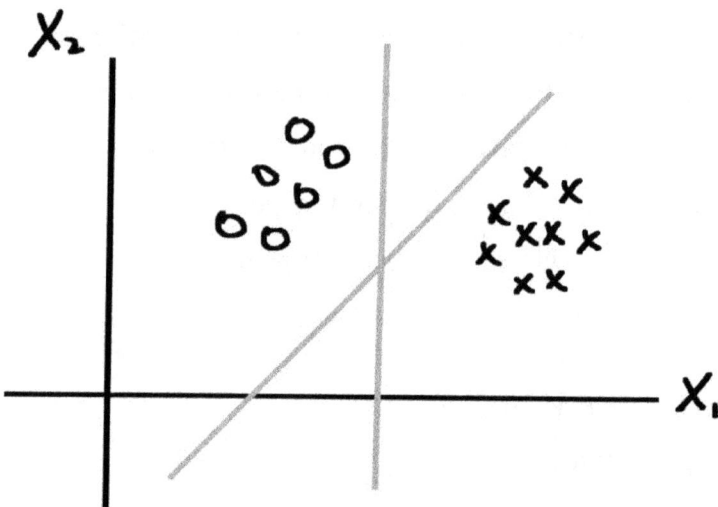

Queremos elegir nuestro hiperplano para que el hiperplano esté lo más alejado posible de cada punto. Vamos a hacer esto más preciso.

Un hiperplano $\beta_0 + \beta_1 X_1 + \cdots + \beta_p X_p = 0$ se dice que es un **hiperplano separado** por si acaso

$$\beta_0 + \beta_1 x_{i1} + \cdots + \beta_p x_{ip} > 0 \quad \text{si } y_i = 1$$

$$\beta_0 + \beta_1 x_{i1} + \cdots + \beta_p x_{ip} < 0 \quad \text{si } y_i = -1$$

En otras palabras, $y_i(\beta_0 + \beta_1 x_{i1} + \cdots + \beta_p x_{ip}) > 0$ por cada $i = 1, \ldots, N$.

Se puede demostrar que la distancia perpendicular entre x_i y el hiperplano separado

$\beta_0 + \beta_1 X_1 + \cdots + \beta_p X_p = 0$ es dado por $\frac{1}{\|\beta\|} \cdot y_i(\beta_0 + \beta_1 x_{i1} + \cdots + \beta_p x_{ip})$, donde $\beta = (\beta_1, \ldots, \beta_p)$.

Vea el Apéndice 1 para el teorema.

Para un hiperplano de separación fijo $\beta_0 + \beta_1 X_1 + \cdots + \beta_p X_p = 0$, considere la distancia mínima entre los x_i's y el hiperplano separado. En otras palabras, considere

$$min\left\{\frac{1}{\|\beta\|} \cdot y_i(\beta_0 + \beta_1 x_{i1} + \cdots + \beta_p x_{ip}) | i = 1, \ldots, N\right\}$$

Esta es la distancia entre el hiperplano y el x_i más cercano al hiperplano. Se llama el **margen** del hiperplano.

MAXIMIZANDO EL MARGEN

Queremos elegir el hiperplano separado que maximice el margen del hiperplano. En otras palabras, queremos elegir $\beta_0, \beta_1, \ldots, \beta_p$ donde el margen es máximo. Así que tenemos el siguiente problema:

$$\begin{array}{c}maximize \\ (\beta_0, \beta_1, \ldots, \beta_p) \in S\end{array} \quad min\left\{\frac{1}{\|\beta\|} \cdot y_i(\beta_0 + \beta_1 x_{i1} + \cdots + \beta_p x_{ip}) | i = 1, \ldots, N\right\},$$

$$\text{donde } S = \left\{(\beta_0, \beta_1, \ldots, \beta_p) \in \mathbb{R}^{p+1} | y_i(\beta_0 + \beta_1 x_{i1} + \cdots + \beta_p x_{ip}) > 0 \, \forall i = 1, \ldots, N\right\}$$

S en realidad debería ser el conjunto

$$S_0 = \left\{(\beta_0, \beta_1, \ldots, \beta_p) \in \mathbb{R}^{p+1} | y_i(\beta_0 + \beta_1 x_{i1} + \cdots + \beta_p x_{ip}) > 0 \, \forall i = 1, \ldots, N \text{ y } \|\beta\| \neq 0\right\}$$

ya que no queremos $\|\beta\|$ que sea 0.

Sin embargo, no tenemos que preocuparnos por esto si tenemos al menos dos puntos de datos (x_i, y_i) y (x_j, y_j) en diferentes clases. Si $y_i \neq y_j$ para un par (i, j), entonces asumiendo $\|\beta\| = 0$ implica que $(\beta_1, \ldots, \beta_p) = \mathbf{0}$.

$\Rightarrow y_i(\beta_0) > 0$ y también $y_j(\beta_0) > 0$

$\Rightarrow$ β_0 Es positivo y negativo, una contradicción.

Entonces $S_0 = S$.

DEFINICIÓN DE CLASIFICADORES DE MARGEN MÁXIMO

Una vez que encontremos $(\beta_0^*, \beta_1^*, \dots, \beta_p^*)$ que maximiza el margen, podemos usar el hiperplano dado por

$\beta_0^* + \beta_1^* X_1 + \cdots + \beta_p^* X_p = 0$ para clasificar un punto de prueba $(x_1, x_2, \dots, x_p)$ como sigue:

Si $\beta_0^* + \beta_1^* x_1 + \cdots + \beta_p^* x_p > 0$, entonces el punto de prueba se asigna a la clase 1.

Si $\beta_0^* + \beta_1^* x_1 + \cdots + \beta_p^* x_p < 0$, entonces el punto de prueba se asigna a la clase -1.

Esta forma de clasificar los puntos de prueba se denomina *clasificador de margen máximo*.

REFORMULACIÓN DEL PROBLEMA DE OPTIMIZACIÓN

Ahora, veamos cómo se encuentra el hiperplano de margen máximo.

Dejando que $M_{\beta_0, \beta} = min\left\{\frac{1}{\|\beta\|} \cdot y_i(\beta_0 + \beta_1 x_{i1} + \cdots + \beta_p x_{ip}) \mid i = 1, \dots, N\right\}$,

podemos reformular el problema como:

$$\underset{(\beta_0, \beta) \in S}{maximize} \ M_{\beta_0, \beta} \ .$$

Resulta que el margen $M_{\beta_0, \beta}$ no cambia si multiplicas β_0 y β por algún valor positive k. Es decir, $M_{k\beta_0, k\beta} = M_{\beta_0, \beta}$. Vea el Apéndice 2 para el teorema.

Este hecho nos permite imponer la siguiente condición:

$$min\{y_i(\beta_0 + \beta_1 x_{i1} + \cdots + \beta_p x_{ip}) \mid i = 1, \dots, N\} = 1$$

Vea el Apéndice 3 para el teorema.

Por lo tanto, podemos intentar encontrar una solución a nuestro problema de maximización que satisfaga la condición para comenzar imponiendo la condición

$$min\{y_i(\beta_0 + \beta_1 x_{i1} + \cdots + \beta_p x_{ip}) \mid i = 1, \dots, N\} = 1$$

Ahora tenemos el problema de optimización:

$$\underset{(\beta_0, \beta) \in S}{maximize} \ M_{\beta_0, \beta} \quad \text{dada la condición}$$

$$min\{y_i(\beta_0 + \beta_1 x_{i1} + \cdots + \beta_p x_{ip})|i = 1, ..., N\} = 1.$$

Nota que $M_{\beta_0,\beta} = \frac{1}{||\beta||} min\{y_i(\beta_0 + \beta_1 x_{i1} + \cdots + \beta_p x_{ip})|i = 1, ..., N\}$

$$= \frac{1}{||\beta||} \cdot 1$$

$$= \frac{1}{||\beta||}$$

Maximizando $M_{\beta_0,\beta}$ ies lo mismo que minimizar $||\beta||$, que es equivalente a minimizar $\frac{1}{2}||\beta||^2$.

Así nuestro problema se convierte: $\underset{(\beta_0,\beta)\in S}{minimize} \frac{1}{2}||\beta||^2$ dada la restricción:

$$min\{y_i(\beta_0 + \beta_1 x_{i1} + \cdots + \beta_p x_{ip})|i = 1, ..., N\} = 1$$

En realidad, podemos relajar la restricción al convertirla en una desigualdad.

El problema (1) $\underset{(\beta_0,\beta)\in S}{minimize} \frac{1}{2}||\beta||^2$ dada la restricción

$$min\{y_i(\beta_0 + \beta_1 x_{i1} + \cdots + \beta_p x_{ip})|i = 1, ..., N\} = 1$$

es equivalente a

el problema (2) $\underset{(\beta_0,\beta)\in S}{minimize} \frac{1}{2}||\beta||^2$ dada la restricción

$$min\{y_i(\beta_0 + \beta_1 x_{i1} + \cdots + \beta_p x_{ip})|i = 1, ..., N\} \geq 1$$

en el sentido de que el primer problema tiene una solución si y solo si el segundo problema tiene una solución. Vea el Apéndice 4 para el teorema.

Además, las soluciones de (1) y (2) darán el mismo valor para $M_{\beta_0,\beta}$. Vea el Apéndice 5 para el teorema.

Podemos, por tanto, centrarnos en resolver el problema de optimización

$\underset{(\beta_0,\beta)\in S}{minimize} \frac{1}{2}||\beta||^2$ dada la restricción

$$min\{y_i(\beta_0 + \beta_1 x_{i1} + \cdots + \beta_p x_{ip})|i = 1, ..., N\} \geq 1.$$

La restricción $min\{y_i(\beta_0 + \beta_1 x_{i1} + \cdots + \beta_p x_{ip})|i = 1, ..., N\} \geq 1$ es equivalente a la restricción

$y_i(\beta_0 + \beta_1 x_{i1} + \cdots + \beta_p x_{ip}) \geq 1$ por cada $i = 1, ..., N$.

Podemos reformular el problema de optimización para que sea

$$\underset{(\beta_0,\beta)\in S}{minimize} \frac{1}{2}||\beta||^2 \quad \text{dada la restricción}$$

$$y_i(\beta_0 + \beta_1 x_{i1} + \cdots + \beta_p x_{ip}) \geq 1 \text{ por cada } i = 1, \ldots, N.$$

El requisito de que $(\beta_0, \beta) \in S$ es innecesario porque la restricción

$$y_i(\beta_0 + \beta_1 x_{i1} + \cdots + \beta_p x_{ip}) \geq 1 \text{ por cada } i = 1, \ldots, N \text{ implica que}$$

$$y_i(\beta_0 + \beta_1 x_{i1} + \cdots + \beta_p x_{ip}) > 0 \ \forall i = 1, \ldots, N.$$

Así podemos reformular el problema de optimización como:

$$\underset{(\beta_0,\beta)\in \mathbb{R}^{p+1}}{minimize} \frac{1}{2}||\beta||^2 \quad \text{dada la restricción}$$

$$y_i(\beta_0 + \beta_1 x_{i1} + \cdots + \beta_p x_{ip}) \geq 1 \text{ por cada } i = 1, \ldots, N.$$

Este es un problema de optimización convexo, donde

$f: \mathbb{R}^{p+1} \longrightarrow \mathbb{R}$ dado por $f(\beta_0, \beta_1, \ldots, \beta_p) = \frac{1}{2}||\beta||^2$ y

$g_i: \mathbb{R}^{p+1} \longrightarrow \mathbb{R}$ dado por $g_i(\beta_0, \beta_1, \ldots, \beta_p) = 1 - y_i(\beta_0 + \cdots + \beta_p x_{ip})$, por cada $i = 1, \ldots, N$,

son funciones convexas diferenciables.

Nuestro problema de optimización convexo toma la forma:

$$\underset{(\beta_0,\beta)\in \mathbb{R}^{p+1}}{minimize} f(\beta_0, \ldots, \beta_p) \quad \text{dada la restricción}$$

$$g_i(\beta_0, \ldots, \beta_p) \leq 0 \text{ por cada } i = 1, \ldots, N.$$

RESOLVIENDO EL PROBLEMA DE OPTIMIZACIÓN CONVEXO

Podemos resolver esto utilizando los multiplicadores de Lagrange. Considera el lagrangiano $L: \mathbb{R}^{p+1} \times \mathbb{R}^N \longrightarrow \mathbb{R}$ dado por

$$L(x, \alpha) = f(x) + \sum_{i=1}^{N} \alpha_i g_i(x).$$

Los α_i se llaman *multiplicadores de Lagrange* .

CONDICIONES DE KTT

Nuestro problema de optimización convexo tiene una solución $x^* = (\beta_0^*, \ldots, \beta_p^*)$ si hay multiplicadores de Lagrange $\alpha_1^*, \ldots, \alpha_N^*$ tal que las siguientes condiciones se mantienen:

1. $g_i(x^*) \leq 0$ por cada $i = 1, \ldots, N$. (*viabilidad primaria*)

2. $\nabla_x L(x^*, \alpha^*) = 0$ donde $\alpha^* = (\alpha_1^*, ..., \alpha_N^*)$. (***Estacionalidad lagrangiana***)

3. $\alpha_i^* \geq 0$ por cada $i = 1, ..., N$. (***doble viabilidad***)

4. $\alpha_i^* g_i(x^*) = 0$ por cada $i = 1, ..., N$. (***flojedad complementaria***)

Estas condiciones son llamadas las ***condiciones KKT***.

PROBLEMAS PRIMALES Y DUAL

Considere el problema de encontrar $\displaystyle \min_x \max_{\alpha: \alpha_i \geq 0\, \forall i} L(x, \alpha)$.

Esto se llama el ***problema primordial***.

Considera también el problema de encontrar $\displaystyle \max_{\alpha: \alpha_i \geq 0\, \forall i} \min_x L(x, \alpha)$.

Esto se llama el ***problema dual***.

Resulta que $\displaystyle \min_x \max_{\alpha: \alpha_i \geq 0\, \forall i} L(x, \alpha) = \max_{\alpha: \alpha_i \geq 0\, \forall i} \min_x L(x, \alpha)$ si una condición llamada condición de Slater se mantiene fija. La condición de Slater requiere que haya una $x \in \mathbb{R}^{p+1}$ tal que $g_i(x) < 0$ por cada $i = 1, ..., N$.

La igualdad $\displaystyle \min_x \max_{\alpha: \alpha_i \geq 0\, \forall i} L(x, \alpha) = \max_{\alpha: \alpha_i \geq 0\, \forall i} \min_x L(x, \alpha)$ se llama ***fuerte dualidad***.

RESOLVIENDO EL PROBLEMA DUAL

También resulta que una solución a nuestro problema de optimización convexo original está dada por una solución al problema primordial. Por fuerte dualidad,

$$\min_x \max_{\alpha: \alpha_i \geq 0\, \forall i} L(x, \alpha) = \max_{\alpha: \alpha_i \geq 0\, \forall i} \min_x L(x, \alpha).$$

Entonces podemos encontrar una solución a nuestro problema de optimización convexo resolviendo el problema dual. Es decir, queremos encontrar $\displaystyle \max_{\alpha: \alpha_i \geq 0\, \forall i} \min_x L(x, \alpha)$. Comenzamos minimizando $L(x, \alpha)$.

Para minimizar $L(x, \alpha)$, conjunto $\nabla_x L(x, \alpha) = 0$.

$$L(x,\alpha) = \frac{1}{2}\left\|\beta\right\|^2 + \sum_{i=1}^{N}\alpha_i g_i(x)$$

$$= \frac{1}{2}\left\|\beta\right\|^2 + \sum_{i=1}^{N}\alpha_i(1 - y_i(\beta_0 + \cdots + \beta_p x_{ip}))$$

$$= \frac{1}{2}\left\|\beta\right\|^2 - \sum_{i=1}^{N}\alpha_i(y_i(\beta_0 + \cdots + \beta_p x_{ip}) - 1)$$

Así que $\frac{\partial L}{\partial \beta_j} = \beta_j - \sum_{i=1}^{N}\alpha_i(y_i x_{ij})$ por cada $j = 1, \dots, N$, y

$$\frac{\partial L}{\partial \beta_0} = -\sum_{i=1}^{N}\alpha_i y_i$$

Poniendo $\frac{\partial L}{\partial \beta_j} = 0 \Rightarrow \qquad \beta_j = \sum_{i=1}^{N}\alpha_i y_i x_{ij}$

$$\Rightarrow \qquad \begin{bmatrix}\beta_1 \\ \vdots \\ \beta_p\end{bmatrix} = \sum_{i=1}^{N}\alpha_i y_i x_i$$

Poniendo $\frac{\partial L}{\partial \beta_0} = 0 \Rightarrow \qquad \sum_{i=1}^{N}\alpha_i y_i = 0$

Sustituyendo estos valores por β adentro de $L(x,\alpha)$, obtenemos

$$L_D(x,\alpha) = \sum_{i=1}^{N}\alpha_i - \frac{1}{2}\sum_{i=1}^{N}\sum_{j=1}^{N}\alpha_i\alpha_j y_i y_j x_i^T x_j. \textbf{(lagrangiano dual)}$$

Ahora, queremos encontrar $\underset{\alpha:\,\alpha_i\,\geq\,0\,\forall i}{max}\,L_D(x,\alpha)$.

Nuestro problema ahora es $\underset{\alpha}{maximize}\left[\sum_{i=1}^{N}\alpha_i - \frac{1}{2}\sum_{i=1}^{N}\sum_{j=1}^{N}\alpha_i\alpha_j y_i y_j x_i^T x_j\right]$ dadas las restricciones $\alpha_i \geq 0\,\forall i$ y dada $\sum_{i=1}^{N}\alpha_i y_i = 0$.

COEFICIENTES PARA EL HIPERPLANO DE MARGEN MÁXIMO

Una vez resuelto este problema de optimización convexo por α, podemos buscar β de $\beta = \sum_{i=1}^{N}\alpha_i y_i x_i$. Podemos buscar β_0 de la condición de flojera complementaria

$\alpha_i g_i(x) = 0\,\forall i$ dado por $\alpha_i\left(1 - y_i(\beta_0 + \cdots + \beta_p x_{ip})\right) = 0\,\forall i$.

VECTORES DE SOPORTE

Nota que si $\alpha_i > 0$, entonces $1 - y_i(\beta_0 + \cdots + \beta_p x_{ip}) = 0$.

$$\Longrightarrow \quad y_i(\beta_0 + \cdots + \beta_p x_{ip}) = 1 \text{ y } x_i \text{ se llaman } \textbf{\textit{vectores de soporte}}.$$

Si $y_i(\beta_0 + \cdots + \beta_p x_{ip}) > 1$, entonces $\alpha_i = 0$ y x_i no son relevante en $\beta = \sum_{i=1}^N \alpha_i y_i x_i$. β es una combinación lineal de solo los vectores de soporte..

CLASIFICACIÓN DE LOS PUNTOS DE PRUEBA

Si dejamos $\hat{f}(x) = \beta_0^* + \beta_1^* x_1 + \cdots + \beta_p^* x_p$, donde $x = (x_1, \dots, x_p)$ es arbitrario en $\mathbb{R}^p$ y $(\beta_0^*, \beta_1^*, \dots, \beta_p^*)$ es la solución a nuestro problema de optimización, tenga en cuenta que podemos reescribir $\hat{f}(x)$ como $x^T \beta^* + \beta_0^*$, o equivalente $\langle x, \beta^* \rangle + \beta_0^*$ donde $\langle x, \beta^* \rangle$ es el producto escalar entre x y β^*. También se conoce como el product interior, aunque el product interior es más general que el producto escalar.

Entonces si $\beta^* = \sum_{i=1}^N \alpha_i y_i x_i$, tenemos que $\langle x, \beta^* \rangle + \beta_0^* = \langle x, \sum_{i=1}^N \alpha_i y_i x_i \rangle + \beta_0^*$

$$= \sum_{i=1}^N \alpha_i y_i \langle x, x_i \rangle + \beta_0^*$$

Podemos escribir $\hat{f}(x) = \sum_{i=1}^N \alpha_i y_i \langle x, x_i \rangle + \beta_0^*$, y cualquier punto de prueba x se clasifica según el signo de $\hat{f}(x)$.

CLASIFICADOR DE MARGEN MÁXIMO EJEMPLO 1

Supongamos que tenemos los siguientes puntos de datos:

$x_1 = (1,3), x_2 = (2,1), x_3 = (3,2)$ con $y_1 = -1, y_2 = 1, y_3 = 1$.

Encuentre el hiperplano de margen máximo e identifique cualquier vector de soporte.

Solución:

Nuestro problema de optimización convexo toma la forma:

$\underset{(\beta_0,\beta)\in\mathbb{R}^3}{minimize} f(\beta_0, \beta_1, \beta_2)$ dada la restricción

$$g_i(\beta_0, \beta_1, \beta_2) \leq 0 \text{ por cada } i = 1, 2, 3, \text{ donde}$$

$$f(\beta_0, \beta_1, \beta_2) = \frac{1}{2} \left|\left|\beta\right|\right|^2 \text{ y donde}$$

$$g_i(\beta_0, \beta_1, \beta_2) = 1 - y_i(\beta_0 + \beta_1 x_{i1} + \beta_2 x_{i2}) \text{ por cada } i = 1, 2, 3.$$

Entonces $g_1 = 1 + (\beta_0 + \beta_1 + 3\beta_2)$

$$g_2 = 1 - (\beta_0 + 2\beta_1 + \beta_2)$$

$$g_3 = 1 - (\beta_0 + 3\beta_1 + 2\beta_2).$$

El doble lagrangiano está dado por

$$L_D(x, \alpha) = \sum_{i=1}^{3} \alpha_i - \frac{1}{2} \sum_{i=1}^{3} \sum_{j=1}^{3} \alpha_i \alpha_j y_i y_j x_i^T x_j$$

Entonces $L_D(x, \alpha) = (\alpha_1 + \alpha_2 + \alpha_3) - \frac{1}{2}[10\alpha_1^2 + 5\alpha_2^2 + 13\alpha_3^2 - 10\alpha_1\alpha_2 - 18\alpha_1\alpha_3 + 16\alpha_2\alpha_3]$

Queremos maximizar $L_D(x, \alpha)$ sujeto a las restricciones $\alpha_i \geq 0 \ \forall i$ y $\alpha_1 y_1 + \alpha_2 y_2 + \alpha_3 y_3 = 0$.

Es decir, necesitamos $\alpha_i \geq 0 \ \forall i$ y $-\alpha_1 + \alpha_2 + \alpha_3 = 0$.

Usando $\alpha_1 = \alpha_2 + \alpha_3$, volvemos a escribir L_D como sigue:

$$L_D = 2(\alpha_2 + \alpha_3) - \frac{1}{2}[10(\alpha_2 + \alpha_3)^2 + 5\alpha_2^2 + 13\alpha_3^2 - 10(\alpha_2 + \alpha_3)\alpha_2 - 18(\alpha_2 + \alpha_3)\alpha_3 + 16\alpha_2\alpha_3]$$

Simplificando, obtenemos $L_D = 2(\alpha_2 + \alpha_3) - \frac{1}{2}[5\alpha_2^2 + 8\alpha_2\alpha_3 + 5\alpha_3^2]$.

Así que queremos maximizar L_D sujeto a las restricciones $\alpha_2 \geq 0$ y $\alpha_3 \geq 0$.

Así que estamos maximizando L_D en el orto positivo $\alpha_2 \geq 0, \alpha_3 \geq 0$.

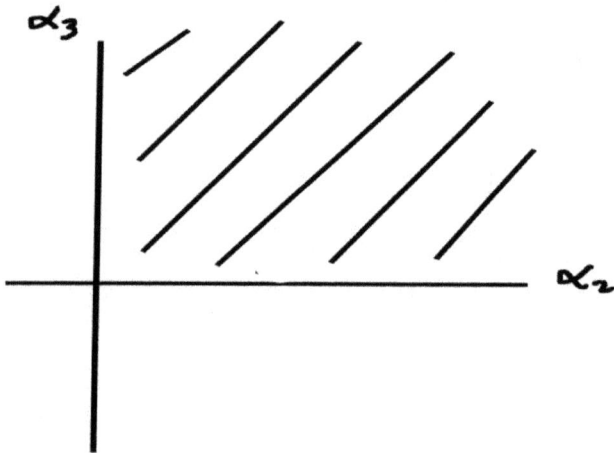

Veamos los puntos críticos en el interior del orto positivo estableciendo $\nabla L_D = 0$.

$$\frac{\partial L_D}{\partial \alpha_2} = 2 - 5\alpha_2 - 4\alpha_3$$

$$\frac{\partial L_D}{\partial \alpha_3} = 2 - 4\alpha_2 - 5\alpha_3$$

Poniendo $\nabla L_D = 0 \qquad \Longrightarrow \qquad -5\alpha_2 - 4\alpha_3 = -2$

$$-4\alpha_2 - 5\alpha_3 = -2$$

$$\Longrightarrow \qquad \alpha_2 = \frac{2}{9} \quad \text{y} \quad \alpha_3 = \frac{2}{9}.$$

Entonces $\left(\frac{2}{9}, \frac{2}{9}\right)$ es un punto crítico en el interior del orto positivo.

$$L_D\big|_{\left(\frac{2}{9}, \frac{2}{9}\right)} = \frac{4}{9}$$

Usando la segunda prueba derivada, podemos mostrar que $L_D(\alpha)$ tiene un máximo local en $\left(\frac{2}{9}, \frac{2}{9}\right)$. Sin embargo, un máximo local de una función cóncava en un conjunto convexo es un máximo global. $L_D(\alpha_2, \alpha_3)$ es una función cóncava y el orto positivo $E = \{(\alpha_2, \alpha_3) | \alpha_2, \alpha_3 \geq 0\}$ es convexo. (Nota que $L_D(\alpha_1, \alpha_2, \alpha_3)$ también es cóncavo.) Entonces, $L_D(\alpha_2, \alpha_3)$ tiene un máximo global en E.

$L_D(\alpha_1, \alpha_2, \alpha_3)$ tiene un máximo global en $(\alpha_1, \alpha_2, \alpha_3)$ sobre el conjunto $F = \{(\alpha_1, \alpha_2, \alpha_3) | \alpha_1 = \alpha_2 + \alpha_3, \alpha_2 \geq 0, \alpha_3 \geq 0\}$ si y solo si $L_D(\alpha_2, \alpha_3)$ tiene un máximo global en (α_2, α_3) sobre el conjunto E.

Resulta que $L_D(\alpha_1, \alpha_2, \alpha_3)$ tiene un máximo global en $\left(\frac{4}{9}, \frac{2}{9}, \frac{2}{9}\right)$.

$$\alpha_2 = \frac{2}{9}$$

$$\alpha_3 = \frac{2}{9}$$

$$\Longrightarrow \alpha_1 = \frac{4}{9}.$$

$$\beta = \sum_{i=1}^{3} \alpha_i y_i x_i = -\frac{4}{9}\begin{bmatrix}1\\3\end{bmatrix} + \frac{2}{9}\begin{bmatrix}2\\1\end{bmatrix} + \frac{2}{9}\begin{bmatrix}3\\2\end{bmatrix} = \begin{bmatrix}6/9\\-6/9\end{bmatrix} = \begin{bmatrix}2/3\\-2/3\end{bmatrix}$$

$$\Longrightarrow \beta_1 = \frac{2}{3}, \beta_2 = -\frac{2}{3}.$$

Por flojedad complementaria, $\alpha_i(1 - y_i(\beta_0 + \beta_1 x_{i1} + \beta_2 x_{i2})) = 0 \; \forall i.$

Por $i = 1$, obtenemos que $\frac{4}{9}\left(1 + (\beta_0 + \frac{2}{3} \cdot 1 - \frac{2}{3} \cdot 3)\right) = 0$

$$\Longrightarrow \qquad 1 + \beta_0 + \frac{2}{3} - 2 = 0$$

$$\Rightarrow \qquad \beta_0 = \frac{1}{3}$$

$$\Rightarrow \qquad \beta_0 = \frac{1}{3}$$

$$\beta_1 = \frac{2}{3}$$

$$\beta_2 = -\frac{2}{3}$$

$\Rightarrow \qquad$ Nuestro hiperplano es dado por $\beta_0 + \beta_1 X_1 + \beta_2 X_2 = 0$.

Entonces tenemos $\frac{1}{3} + \frac{2}{3}X_1 - \frac{2}{3}X_2 = 0$

$$\Rightarrow \qquad 1 + 2X_1 - 2X_2 = 0$$

$$\Rightarrow \qquad X_2 = X_1 + \frac{1}{2}.$$

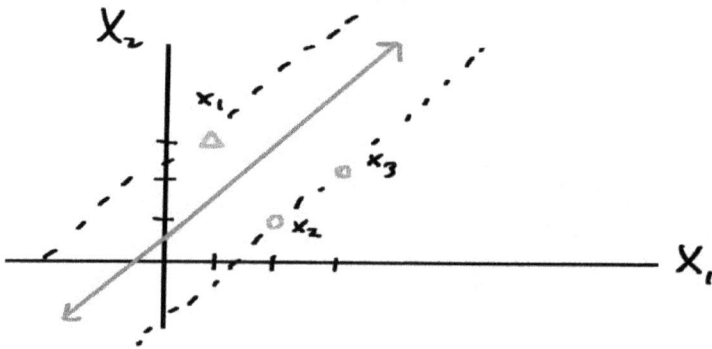

Ya que α_1, α_2, y α_3 son todos distintos de cero, tenemos que cada x_i satisfice $y_i(\beta_0 + \beta_1 x_{i1} + \beta_2 x_{i2}) = 1$. Entonces, x_1, x_2, y x_3 todos se encuentran en el margen y son, por lo tanto, vectores de soporte.

CLASIFICADOR DE MARGEN MÁXIMO EJEMPLO 2

Supongamos que tenemos los siguientes puntos de datos:

$x_1 = (1,3), x_2 = (2,1), x_3 = (3,-1)$ con $y_1 = -1, y_2 = 1, y_3 = 1$.

Encuentre el hiperplano de margen máximo e identifique cualquier vector de soporte.

Solución:

Nuestro problema de optimización convexo toma la forma:

$\underset{(\beta_0,\beta)\in\mathbb{R}^3}{minimize} f(\beta_0,\beta_1,\beta_2)$ dada la restricción

$$g_i(\beta_0,\beta_1,\beta_2) \leq 0 \text{ por cada } i = 1,2,3, \text{ donde}$$

$$f(\beta_0,\beta_1,\beta_2) = \frac{1}{2}\left|\left|\beta\right|\right|^2 \text{ y}$$

$$g_i(\beta_0,\beta_1,\beta_2) = 1 - y_i(\beta_0 + \beta_1 x_{i1} + \beta_2 x_{i2}) \text{ por cada } i = 1,2,3.$$

Entonces $g_1 = 1 + (\beta_0 + \beta_1 + 3\beta_2)$

$g_2 = 1 - (\beta_0 + 2\beta_1 + \beta_2)$

$g_3 = 1 - (\beta_0 + 3\beta_1 - \beta_2).$

El doble lagrangiano está dado por

$$L_D(x,\alpha) = \sum_{i=1}^{3} \alpha_i - \frac{1}{2}\sum_{i=1}^{3}\sum_{j=1}^{3} \alpha_i\alpha_j y_i y_j x_i^T x_j$$

Entonces $L_D(x,\alpha) = (\alpha_1 + \alpha_2 + \alpha_3) - \frac{1}{2}[10\alpha_1^2 + 5\alpha_2^2 + 10\alpha_3^2 - 10\alpha_1\alpha_2 + 10\alpha_2\alpha_3]$

Queremos maximizar $L_D(x,\alpha)$ sujeto a las restricciones $\alpha_i \geq 0 \ \forall i$ y de $\alpha_1 y_1 + \alpha_2 y_2 + \alpha_3 y_3 = 0$.

Es decir, necesitamos $\alpha_i \geq 0 \ \forall i$ y $-\alpha_1 + \alpha_2 + \alpha_3 = 0$.

Usando $\alpha_1 = \alpha_2 + \alpha_3$, volvemos a escribir L_D como sigue:

$$L_D = 2(\alpha_2 + \alpha_3) - \frac{1}{2}[10(\alpha_2 + \alpha_3)^2 + 5\alpha_2^2 + 10\alpha_3^2 - 10(\alpha_2 + \alpha_3)\alpha_2 + 10\alpha_2\alpha_3]$$

Simplificando, obtenemos $L_D = 2(\alpha_2 + \alpha_3) - \frac{1}{2}[5(\alpha_2 + 2\alpha_3)^2]$.

$$= 2(\alpha_2 + \alpha_3) - \frac{5}{2}(\alpha_2 + 2\alpha_3)^2$$

Así que queremos maximizar L_D sujeto a las restricciones $\alpha_2 \geq 0$ y $\alpha_3 \geq 0$.

Así que estamos maximizando L_D en el orto positivo $\alpha_2 \geq 0, \alpha_3 \geq 0$.

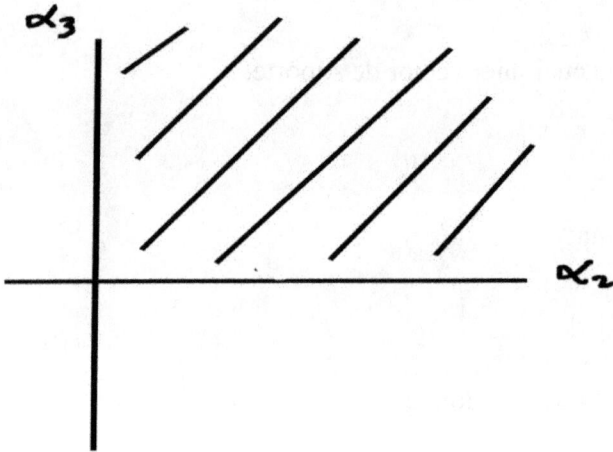

Veamos los puntos críticos en el interior del orto positivo estableciendo $\nabla L_D = 0$.

$$\frac{\partial L_D}{\partial \alpha_2} = 2 - 5(\alpha_2 + 2\alpha_3)$$

$$\frac{\partial L_D}{\partial \alpha_3} = 2 - 5(\alpha_2 + 2\alpha_3) \cdot 2$$

Poniendo $\nabla L_D = 0 \quad \Rightarrow \quad 5(\alpha_2 + 2\alpha_3) = 2$

$$10(\alpha_2 + 2\alpha_3) = 2$$

$$\Rightarrow \quad \text{contradicción}$$

No hay ningún punto crítico en el interior de $\{(\alpha_2, \alpha_3)|\alpha_2, \alpha_3 \geq 0\}$.

Necesitamos comprobar los límites $\alpha_2 = 0$ y de $\alpha_3 = 0$.

En $\alpha_2 = 0$, L_D tiene un máximo local en $\alpha_3 = \frac{1}{10}$ relativo al límite $\alpha_2 = 0, \alpha_3 \geq 0$. El valor de L_D en $(\alpha_2, \alpha_3) = \left(0, \frac{1}{10}\right)$ es $\frac{1}{10}$.

En $\alpha_3 = 0$, L_D tiene un máximo local en $\alpha_2 = \frac{2}{5}$ rrelativo al límite $\alpha_3 = 0, \alpha_2 \geq 0$. El valor de L_D en $(\alpha_2, \alpha_3) = \left(\frac{2}{5}, 0\right)$ es $\frac{2}{5} > \frac{1}{10}$.

Dado que cada máximo global es un máximo local, el máximo global debe ocurrir en un punto crítico en relación con una parte del límite. Porque el máximo local en $\left(\frac{2}{5}, 0\right)$ es mayor que el máximo local en

$\left(0, \frac{1}{10}\right)$, el candidato para el máximo global es $\left(\frac{2}{5}, 0\right)$. De hecho, podemos demostrar que, para un fijo α_3, el valor máximo local relativo a la línea $l_{\alpha_3} = \{(\alpha_2, \alpha_3) | \alpha_2 \geq 0\}$ disminuye a medida que α_3 aumenta. Por lo tanto, hay un máximo global en $\left(\frac{2}{5}, 0\right)$.

$L_D(\alpha_2, \alpha_3)$ tiene un máximo global en(α_2, α_3) sobre el orto positivo $\{(\alpha_2, \alpha_3) | \alpha_2, \alpha_3 \geq 0\}$ si y solo si $L_D(\alpha_1, \alpha_2, \alpha_3)$ tiene un máximo global en $(\alpha_1, \alpha_2, \alpha_3)$ sobre el conjunto $\{(\alpha_1, \alpha_2, \alpha_3) | \alpha_1 = \alpha_2 + \alpha_3, \alpha_2 \geq 0, \alpha_3 \geq 0\}$.

Resulta que $L_D(\alpha_1, \alpha_2, \alpha_3)$ tiene un máximo global en $\left(\frac{2}{5}, \frac{2}{5}, 0\right)$.

$$\alpha_2 = \frac{2}{5}$$

$$\alpha_3 = 0$$

$$\Rightarrow \alpha_1 = \frac{2}{5}.$$

$$\beta = \sum_{i=1}^{3} \alpha_i y_i x_i = -\frac{2}{5}\begin{bmatrix} 1 \\ 3 \end{bmatrix} + \frac{2}{5}\begin{bmatrix} 2 \\ 1 \end{bmatrix} = \begin{bmatrix} 2/5 \\ -4/5 \end{bmatrix}$$

$$\Rightarrow \beta_1 = \frac{2}{5}, \beta_2 = -\frac{4}{5}.$$

Por flojedad complementaria, $\alpha_i(1 - y_i(\beta_0 + \beta_1 x_{i1} + \beta_2 x_{i2})) = 0 \; \forall i$.

Por $i = 1$, obtenemos que $\frac{2}{5}\left(1 + (\beta_0 + \frac{2}{5} - \frac{4}{5} \cdot 3)\right) = 0$

$$\Rightarrow \quad 1 + \beta_0 + \frac{2}{5} - \frac{12}{5} = 0$$

$$\Rightarrow \quad \beta_0 = 1$$

$$\Rightarrow \quad \beta_0 = 1$$

$$\beta_1 = \frac{2}{5}$$

$$\beta_2 = -\frac{4}{5}$$

$\Rightarrow$ Nuestro hiperplano es dado por $\beta_0 + \beta_1 X_1 + \beta_2 X_2 = 0$.

Entonces tenemos $1 + \frac{2}{5}X_1 - \frac{4}{5}X_2 = 0$

$$\Rightarrow \quad 5 + 2X_1 - 4X_2 = 0$$

$$\Rightarrow \quad 4X_2 = 2X_1 + 5$$

$$\Rightarrow \qquad X_2 = \tfrac{1}{2}X_1 + \tfrac{5}{4}$$

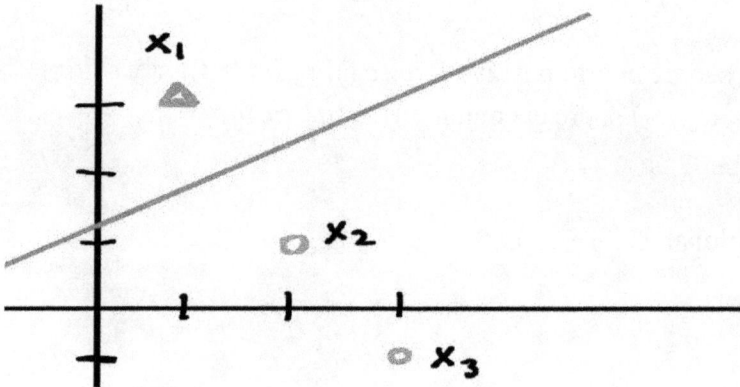

Ya que α_1 y α_2 son todos distintos de cero, tenemos que cada x_1 y x_2 satisfice $y_i(\beta_0 + \beta_1 x_{i1} + \beta_2 x_{i2}) = 1$. Entonces, x_1 y x_2 se encuentran en el margen y son, por tanto, vectores de soporte.

RESUMEN: CLASIFICADOR DE MARGEN MÁXIMO

- Si los $x_i's$ de nuestros datos se pueden separar por un hiperplano, queremos encontrar el hiperplano de separación que tenga el margen máximo.

- Una vez que encontramos el hiperplano de margen máximo, podemos clasificar los nuevos puntos dependiendo de en qué lado del hiperplano se encuentra el nuevo punto.

- Al tratar de encontrar el hiperplano de margen máximo, terminamos con un problema de optimización convexo, que se resuelve utilizando los multiplicadores de Lagrange.

EJERCICIOS: CLASIFICADOR DE MARGEN MÁXIMO

1. Supongamos que tenemos los siguientes puntos de datos:

   $x_1 = (1,1), x_2 = (2,3), x_3 = (3,1)$ con $y_1 = 1, y_2 = -1, y_3 = -1$.

   Encuentre el hiperplano de margen máximo e identifique cualquier vector de soporte.

2. Supongamos que tenemos los siguientes puntos de datos:

   $x_1 = (1,1), x_2 = (2,3), x_3 = (3,1), x_4 = (0,2)$ con $y_1 = 1, y_2 = -1, y_3 = -1, y_4 = 1$.

   Encuentre el hiperplano de margen máximo e identifique cualquier vector de soporte.

SOLUCIONES: CLASIFICADOR DE MARGEN MÁXIMO

1. Nuestro problema de optimización convexo toma la forma:

$$\begin{matrix} \text{minimize} \\ (\beta_0,\beta)\in\mathbb{R}^3 \end{matrix} \quad f(\beta_0,\beta_1,\beta_2) \qquad \text{dada la restricción } g_i(\beta_0,\beta_1,\beta_2) \le 0 \text{ por cada } i = 1,2,3$$

$$\text{donde } f(\beta_0,\beta_1,\beta_2) = \frac{1}{2}\|\beta\|^2$$

$$\text{y } g_i(\beta_0,\beta_1,\beta_2) = 1 - y_i(\beta_0 + \beta_1 x_{i1} + \beta_2 x_{i2}) \text{ por cada } i = 1,2,3$$

Entonces $g_1 = 1 - (\beta_0 + \beta_1 + \beta_2)$

$\quad g_2 = 1 + (\beta_0 + 2\beta_1 + 3\beta_2)$

$\quad g_3 = 1 + (\beta_0 + 3\beta_1 + \beta_2)$

El doble lagrangiano está dado por $L_D(x,\alpha) = \sum_{i=1}^3 \alpha_i - \frac{1}{2}\sum_{i=1}^3\sum_{j=1}^3 \alpha_i\alpha_j y_i y_j x_i^T x_j$.

Entonces $L_D(x,\alpha) = (\alpha_1 + \alpha_2 + \alpha_3) - \frac{1}{2}[2\alpha_1^2 + 13\alpha_2^2 + 10\alpha_3^2 - 10\alpha_1\alpha_2 - 8\alpha_1\alpha_3 + 18\alpha_2\alpha_3]$

Queremos maximizar $L_D(x,\alpha)$ sujeto a las restricciones $\alpha_i \ge 0 \ \forall i$ y $\alpha_1 y_1 + \alpha_2 y_2 + \alpha_3 y_3 = 0$. Es decir, necesitamos $\alpha_i \ge 0 \ \forall i$ y $\alpha_1 - \alpha_2 - \alpha_3 = 0$. Usando $\alpha_1 = \alpha_2 + \alpha_3$, volvemos a escribir L_D como sigue:

$$L_D = 2(\alpha_2 + \alpha_3) - \frac{1}{2}[2(\alpha_2+\alpha_3)^2 + 13\alpha_2^2 + 10\alpha_3^2 - 10(\alpha_2+\alpha_3)\alpha_2 - 8(\alpha_2+\alpha_3)\alpha_3 + 18\alpha_2\alpha_3]$$

Simplificando, obtenemos

$$L_D = 2(\alpha_2 + \alpha_3) - \frac{1}{2}[5\alpha_2^2 + 4\alpha_2\alpha_3 + 4\alpha_3^2]$$

Así que queremos maximizar L_D sujeto a las restricciones $\alpha_2 \ge 0$ y $\alpha_3 \ge 0$.

Así que estamos maximizando L_D en el orto positivo $\alpha_2 \ge 0, \alpha_3 \ge 0$:

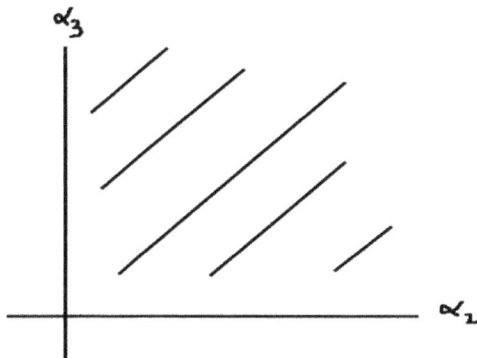

Veamos los puntos críticos en el interior del orto positivo estableciendo por $\nabla L_D = 0$.

$$\frac{\partial L_D}{\partial \alpha_2} = 2 - \frac{1}{2}(10\alpha_2 + 4\alpha_3) = 2 - (5\alpha_2 + 2\alpha_3)$$

$$\frac{\partial L_D}{\partial \alpha_3} = 2 - \frac{1}{2}(4\alpha_2 + 8\alpha_3) = 2 - (2\alpha_2 + 4\alpha_3)$$

Poniendo $\nabla L_D = 0 \implies 5\alpha_2 + 2\alpha_3 = 2$

$$2\alpha_2 + 4\alpha_3 = 2$$

$$\implies \alpha_2 = \frac{1}{4} \text{ y } \alpha_3 = \frac{3}{8}$$

Entonces $\left(\frac{1}{4}, \frac{3}{8}\right)$ es un punto crítico en el interior del orto positivo.

$$L_D\big|_{\left(\frac{1}{4}, \frac{3}{8}\right)} = \frac{5}{8}.$$

Usando la segunda prueba derivada, podemos mostrar que $L_D(\alpha)$ tiene un máximo local en $\left(\frac{1}{4}, \frac{3}{8}\right)$. Sin embargo, un máximo local de una función cóncava en un conjunto convexo es un máximo global. $L_D(\alpha_2, \alpha_3)$ es una función cóncava y el orto positivo. $E = \{(\alpha_2, \alpha_3) | \alpha_2, \alpha_3 \geq 0\}$ es convexo. Entonces, $L_D(\alpha_2, \alpha_3)$ tiene un máximo global en E. $L_D(\alpha_1, \alpha_2, \alpha_3)$ tiene un máximo global en $(\alpha_1, \alpha_2, \alpha_3)$ sobre el conjunto

$$F = \{(\alpha_1, \alpha_2, \alpha_3) | \alpha_1 = \alpha_2 + \alpha_3, \alpha_2 \geq 0, \alpha_3 \geq 0\}$$

si y solo si $L_D(\alpha_2, \alpha_3)$ tiene un máximo global en (α_2, α_3) sobre el conjunto E. Resulta que $L_D(\alpha_1, \alpha_2, \alpha_3)$ tiene un máximo global en $\left(\frac{5}{8}, \frac{1}{4}, \frac{3}{8}\right)$. $\left(\alpha_1 = \alpha_2 + \alpha_3 = \frac{1}{4} + \frac{3}{8} = \frac{5}{8}\right)$

$$\beta = \sum_{i=1}^{3} \alpha_i y_i x_i = \frac{5}{8}\begin{bmatrix}1\\1\end{bmatrix} - \frac{1}{4}\begin{bmatrix}2\\3\end{bmatrix} - \frac{3}{8}\begin{bmatrix}3\\1\end{bmatrix} = \begin{bmatrix}-1\\1\\-\frac{1}{2}\end{bmatrix}$$

$$\implies \beta_1 = -1, \beta_2 = -\frac{1}{2}.$$

Por flojedad complementaria, $\alpha_i\left(1 - y_i(\beta_0 + \beta_1 x_{i1} + \beta_2 x_{i2})\right) = 0 \; \forall \; i$

Por $i = 1$, obtenemos $\frac{5}{8}\left(1 - (\beta_0 + \beta_1 + \beta_2)\right) = 0$

$$\implies 1 - \left(\beta_0 + (-1) - \frac{1}{2}\right) = 0$$

$$\implies \beta_0 = \frac{5}{2}.$$

$$\implies \beta_0 = \frac{5}{2}$$

$$\beta_1 = -1$$

$$\beta_2 = -\frac{1}{2}$$

Nuestro hiperplano es dado por $\beta_0 + \beta_1 X_1 + \beta_2 X_2 = 0$.

Entonces tenemos $\frac{5}{2} - X_1 - \frac{1}{2}X_2 = 0$

$$\implies X_2 = -2X_1 + 5$$

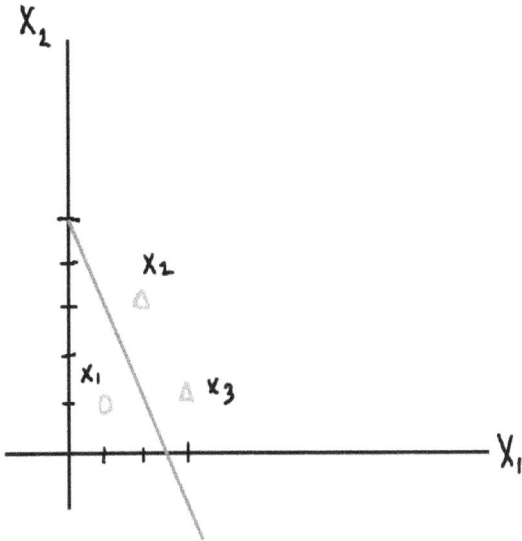

Ya que $\alpha_1, \alpha_2, \alpha_3$ son todos distintos de cero, tenemos que cada x_i satisface $y_i(\beta_0 + \beta_1 x_{i1} + \beta_2 x_{i2}) = 1$. Entonces, x_1, x_2, x_3, todos se encuentran en el margen y son, por lo tanto, vectores de soporte.

2. Nuestro problema de optimización convexo toma la forma:

$\underset{(\beta_0,\beta)\in\mathbb{R}^3}{minimize} \ f(\beta_0, \beta_1, \beta_2)$ dada la restricción $g_i(\beta_0, \beta_1, \beta_2) \leq 0$ por cada $i = 1, 2, 3, 4$

donde $f(\beta_0, \beta_1, \beta_2) = \frac{1}{2}\|\beta\|^2$ y

$g_i(\beta_0, \beta_1, \beta_2) = 1 - y_i(\beta_0 + \beta_1 x_{i1} + \beta_2 x_{i2})$ por cada $i = 1, 2, 3, 4$

Entonces $g_1 = 1 - (\beta_0 + \beta_1 + \beta_2)$

$g_2 = 1 + (\beta_0 + 2\beta_1 + 3\beta_2)$

$g_3 = 1 + (\beta_0 + 3\beta_1 + \beta_2)$

$g_4 = 1 - (\beta_0 + 2\beta_2)$

El doble lagrangiano está dado por $L_D(x, \alpha) = \sum_{i=1}^4 \alpha_i - \frac{1}{2}\sum_{i=1}^4 \sum_{j=1}^4 \alpha_i \alpha_j y_i y_j x_i^T x_j$.

Entonces $L_D(x, \alpha) = (\alpha_1 + \alpha_2 + \alpha_3 + \alpha_4) - \frac{1}{2}[2\alpha_1^2 + 13\alpha_2^2 + 10\alpha_3^2 + 4\alpha_4^2 - 10\alpha_1\alpha_2 - 8\alpha_1\alpha_3 + 4\alpha_1\alpha_4 + 18\alpha_2\alpha_3 - 12\alpha_2\alpha_4 - 4\alpha_3\alpha_4]$

Queremos maximizar $L_D(x, \alpha)$ sujeto a las restricciones $\alpha_i \geq 0 \ \forall \ i$ y $\alpha_1 y_1 + \alpha_2 y_2 + \alpha_3 y_3 + \alpha_4 y_4 = 0$. Es decir, necesitamos $\alpha_i \geq 0 \ \forall \ i$ y $\alpha_1 - \alpha_2 - \alpha_3 + \alpha_4 = 0$. Usando $\alpha_1 = \alpha_2 + \alpha_3 - \alpha_4$, volvemos a escribir L_D como sigue:

$$L_D = 2(\alpha_2 + \alpha_3) - \frac{1}{2}[2(\alpha_2 + \alpha_3 - \alpha_4)^2 + 13\alpha_2^2 + 10\alpha_3^2 + 4\alpha_4^2 - 10(\alpha_2 + \alpha_3 - \alpha_4)\alpha_2 - 8(\alpha_2 + \alpha_3 - \alpha_4)\alpha_3 + 4(\alpha_2 + \alpha_3 - \alpha_4)\alpha_4 + 18\alpha_2\alpha_3 - 12\alpha_2\alpha_4 - 4\alpha_3\alpha_4]$$

Simplificando, obtenemos

$$L_D = 2(\alpha_2 + \alpha_3) - \frac{1}{2}[5\alpha_2^2 + 4\alpha_3^2 + 2\alpha_4^2 + 4\alpha_2\alpha_3 - 2\alpha_2\alpha_4 + 4\alpha_3\alpha_4]$$

Así que queremos maximizar L_D sujeto a las restricciones $\alpha_2, \alpha_3, \alpha_4 \geq 0$.

Así que estamos maximizando L_D en el orto positivo $\alpha_2, \alpha_3, \alpha_4 \geq 0$.

Veamos los puntos críticos en el interior del orto positivo estableciendo por $\nabla L_D = 0$.

$$\frac{\partial L_D}{\partial \alpha_2} = 2 - 5\alpha_2 - 2\alpha_3 - \alpha_4$$

$$\frac{\partial L_D}{\partial \alpha_3} = 2 - 4\alpha_3 - 2\alpha_2 - 2\alpha_4$$

$$\frac{\partial L_D}{\partial \alpha_4} = -2\alpha_4 + \alpha_2 - 2\alpha_3$$

Poniendo $\nabla L_D = 0 \implies -5\alpha_2 - 2\alpha_3 - \alpha_4 = -2$

$$-2\alpha_2 - 4\alpha_3 - 2\alpha_4 = -2$$

$$\alpha_2 - 2\alpha_3 - 2\alpha_4 = 0$$

La solución a este sistema es $\alpha_2 = \frac{1}{4}, \alpha_3 = \frac{5}{8}, \alpha_4 = -\frac{1}{2}$. Sin embargo, porque α_4 es negativo, esta solución no está en el interior del orto positivo.

Necesitamos comprobar los límites $\alpha_2 = 0, \alpha_3 = 0$, y $\alpha_4 = 0$.

En $\alpha_2 = 0$, no hay puntos críticos en el interior de la cara $\alpha_2 = 0$.

En $\alpha_3 = 0$, L_D tiene un máximo local en $(\alpha_2, \alpha_4) = \left(\frac{4}{9}, \frac{2}{9}\right)$ relativo al límite $\alpha_3 = 0, \alpha_2 \geq 0, \alpha_4 \geq 0$. El valor de L_D en $(\alpha_2, \alpha_4) = \left(\frac{4}{9}, \frac{2}{9}\right)$ es $\frac{4}{9}$.

En $\alpha_4 = 0$, L_D tiene un máximo local en $(\alpha_2, \alpha_3) = \left(\frac{1}{4}, \frac{3}{8}\right)$ relativo al límite $\alpha_4 = 0, \alpha_2, \alpha_3 \geq 0$. El valor de L_D en $(\alpha_2, \alpha_3) = \left(\frac{1}{4}, \frac{3}{8}\right)$ es $\frac{5}{8}$.

Entonces si $\frac{5}{8} > \frac{4}{9}$, el candidato para el máximo global es $\left(\frac{1}{4}, \frac{3}{8}, 0\right)$. De hecho, podemos demostrar que, para un fijo α_4, el valor máximo local en relación con el plano $l_{\alpha_4} = \{(\alpha_2, \alpha_3, \alpha_4) | \alpha_2, \alpha_3 \geq 0\}$ disminuye a medida que α_4 aumenta. (El máximo local ocurre en $(\alpha_2, \alpha_3) = \left(\frac{1}{4}, \frac{3}{8} - \frac{\alpha_4}{2}\right)$ y $L_D = \frac{5}{8} - \frac{1}{2}(\alpha_4^2 + \alpha_4)$ allí.)

Por lo tanto, hay un máximo global en $\left(\frac{1}{4}, \frac{3}{8}, 0\right)$.

$L_D(\alpha_2, \alpha_3, \alpha_4)$ tiene un máximo global en $(\alpha_2, \alpha_3, \alpha_4)$ sobre el orto positivo $\{(\alpha_2, \alpha_3, \alpha_4) | \alpha_2, \alpha_3, \alpha_4 \geq 0\}$ si y solo si $L_D(\alpha_1, \alpha_2, \alpha_3, \alpha_4)$ tiene un máximo global en $(\alpha_1, \alpha_2, \alpha_3, \alpha_4)$ sobre el conjunto

$$\{(\alpha_1, \alpha_2, \alpha_3, \alpha_4) | \alpha_1 = \alpha_2 + \alpha_3 - \alpha_4, \alpha_2 \geq 0, \alpha_3 \geq 0, \alpha_4 \geq 0\}.$$

Resulta que $L_D(\alpha_1, \alpha_2, \alpha_3, \alpha_4)$ tiene un máximo global en $\left(\frac{5}{8}, \frac{1}{4}, \frac{3}{8}, 0\right)$.

$$\left(\alpha_1 = \alpha_2 + \alpha_3 - \alpha_4 = \frac{1}{4} + \frac{3}{8} - 0 = \frac{5}{8}\right)$$

$$\beta = \sum_{i=1}^{4} \alpha_i y_i x_i = \frac{5}{8}\begin{bmatrix} 1 \\ 1 \end{bmatrix} - \frac{1}{4}\begin{bmatrix} 2 \\ 3 \end{bmatrix} - \frac{3}{8}\begin{bmatrix} 3 \\ 1 \end{bmatrix} = \begin{bmatrix} -1 \\ 1 \\ -\frac{1}{2} \end{bmatrix}$$

$$\Rightarrow \beta_1 = -1, \beta_2 = -\frac{1}{2}.$$

Por flojedad complementaria, $\alpha_i\left(1 - y_i(\beta_0 + \beta_1 x_{i1} + \beta_2 x_{i2})\right) = 0 \; \forall \; i$

Por $i = 1$, obtenemos que $\frac{5}{8}\left(1 - (\beta_0 + \beta_1 + \beta_2)\right) = 0$

$$\Rightarrow 1 - \left(\beta_0 + (-1) - \frac{1}{2}\right) = 0$$

$$\Rightarrow \beta_0 = \frac{5}{2}.$$

$$\Rightarrow \beta_0 = \frac{5}{2}$$

$$\beta_1 = -1$$

$$\beta_2 = -\frac{1}{2}$$

Nuestro hiperplano es dado por $\beta_0 + \beta_1 X_1 + \beta_2 X_2 = 0$.

Entonces tenemos $\frac{5}{2} - X_1 - \frac{1}{2}X_2 = 0$

$$\Rightarrow X_2 = -2X_1 + 5$$

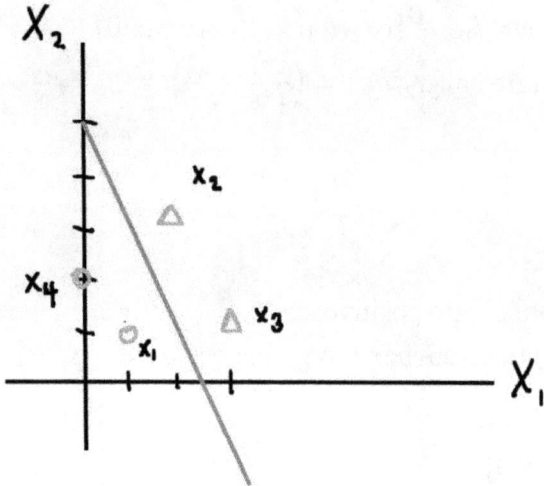

Ya que $\alpha_1, \alpha_2, \alpha_3$ son todos distintos de cero, tenemos esos x_1, x_2, x_3 para satisfacer $y_i(\beta_0 + \beta_1 x_{i1} + \beta_2 x_{i2}) = 1$. Entonces, x_1, x_2, x_3 se encuentran en el margen y son, por tanto, vectores de soporte.

Tenga en cuenta que nuestro hiperplano es exactamente la misma línea que tenemos para el problema 1.

7 – CLASIFICADOR DE VECTORES DE SOPORTE

CLASIFICADOR DE VECTORES DE SOPORTE

Hemos visto cómo se puede encontrar el hiperplano de margen máximo cuando los x_i's son separables por un hiperplano. Si los x_i's no son separables por un hiperplano, Todavía podemos intentar encontrar un hiperplano que separe la mayoría de los puntos, pero que puede tener algunos puntos que se encuentran dentro del margen o que se encuentran en el lado equivocado del hiperplano. Esto es lo que podría parecer un escenario de este tipo:

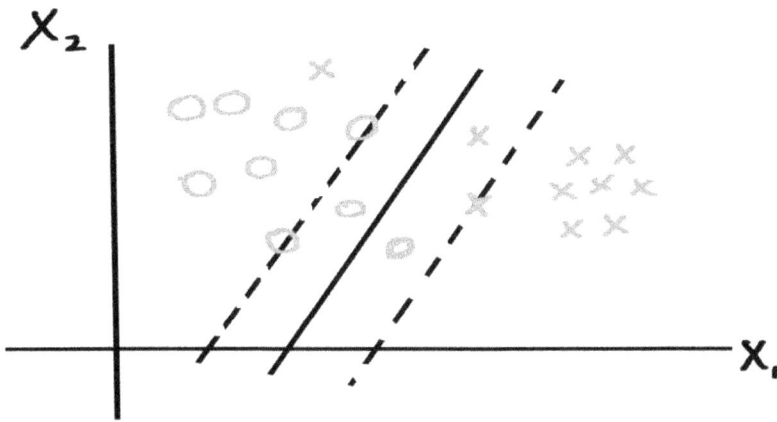

El método que veremos se llama *clasificador de vectores de soporte*, también llamado el *clasificador de margen suave* porque el margen puede ser penetrado por puntos desde cualquier lado.

Al igual que en el caso del clasificador de margen máximo, queremos que nuestro hiperplano esté lo más alejado posible de cada punto que esté en el lado correcto del hiperplano. De modo que los puntos en el margen o fuera del margen, pero en el lado correcto del hiperplano, estarán lo más alejados posible del hiperplano. Los puntos dentro del margen pero en el lado correcto del hiperplano estarán lo más alejados posible del hiperplano y lo más cerca posible del límite del margen.

Para aquellos puntos en el lado equivocado del hiperplano, queremos que esos puntos estén lo más cerca posible del hiperplano.

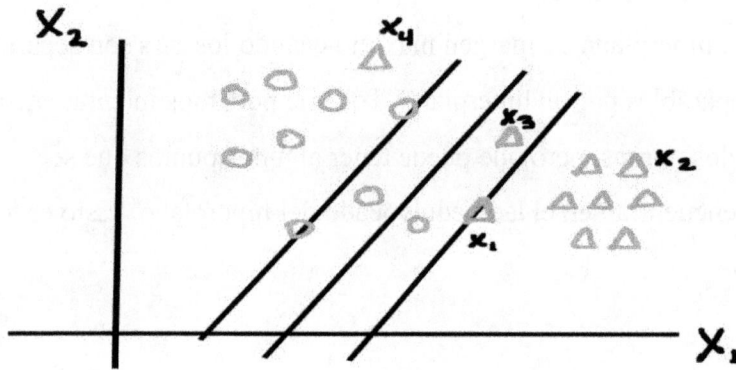

x_1 está en el margen. x_2 está fuera del margen pero en el lado correcto del hiperplano. x_3 está dentro del margen pero en el lado correcto. x_4 está en el lado equivocado del hiperplano. Vamos a hacer todo esto más preciso.

En la discusión del clasificador de margen máximo, Hemos visto que la distancia perpendicular entre x_i y el hiperplano $\beta_0 + \beta_1 X_1 + \cdots + \beta_p X_p = 0$ es dada por

$$\frac{1}{||\beta||} \begin{cases} \beta_0 + \beta_1 x_{i1} + \cdots + \beta_p x_{ip}, & if\ \beta_0 + \beta_1 x_{i1} + \cdots + \beta_p x_{ip} > 0 \\ -(\beta_0 + \beta_1 x_{i1} + \cdots + \beta_p x_{ip}), & if\ \beta_0 + \beta_1 x_{i1} + \cdots + \beta_p x_{ip} < 0 \end{cases}$$

Así que la distancia perpendicular entre x_i y el hiperplano es dada por

$$\frac{1}{||\beta||} y_i (\beta_0 + \beta_1 x_{i1} + \cdots + \beta_p x_{ip}).$$

Esta expresión es positiva si x_i está en el lado correcto del hiperplano. Es negativo si x_i está en el lado equivocado del hiperplano.

VARIABLES DE SOPORTE: DATOS EN EL LADO CORRECTO DEL HIPERPLANO

Para caracterizar cada punto x_i, introducimos variables ε_i que se llaman **variables de soporte** para cada x_i, donde $i = 1, \dots, N$.

Si x_i está en el lado correcto del hiperplano pero dentro del margen, entonces x_i sobresale en el margen por una cierta fracción de M.

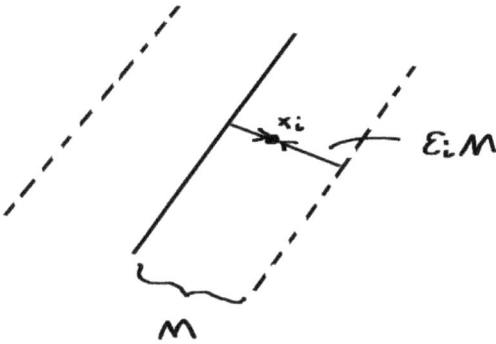

$0 < \varepsilon_i < 1$.

La distancia entre x_i y el hiperplano es $M - \varepsilon_i M = M(1 - \varepsilon_i)$. Sin embargo, la distancia entre x_i y el hiperplano es dado por $\frac{1}{||\beta||} y_i\big(\beta_0 + \beta_1 x_{i1} + \cdots + \beta_p x_{ip}\big)$.

Entonces $\frac{1}{||\beta||} y_i\big(\beta_0 + \beta_1 x_{i1} + \cdots + \beta_p x_{ip}\big) = M(1 - \varepsilon_i)$

$$\implies \quad \frac{1}{||\beta||} y_i\big(\beta_0 + \beta_1 x_{i1} + \cdots + \beta_p x_{ip}\big) \cdot \frac{1}{1 - \varepsilon_i} = M.$$

Si x_i está en el lado correcto del hiperplano pero exactamente en el margen o fuera del margen, entonces x_i no sobresale en el margen por ninguna cantidad.

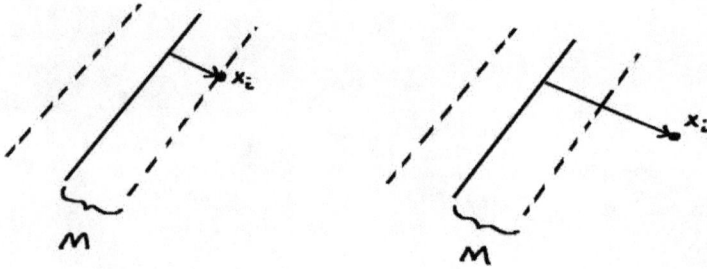

En este case, $\varepsilon_i = 0$. La distancia entre x_i y el hiperplano es $\frac{1}{||\beta||} y_i (\beta_0 + \beta_1 x_{i1} + \cdots + \beta_p x_{ip})$. La distancia entre x_i y el hiperplano es mayor o igual que M.

Entonces $\frac{1}{||\beta||} y_i (\beta_0 + \beta_1 x_{i1} + \cdots + \beta_p x_{ip}) \geq M$.

Podemos reescribir esto como $\frac{1}{||\beta||} y_i (\beta_0 + \beta_1 x_{i1} + \cdots + \beta_p x_{ip}) \cdot \frac{1}{1-\varepsilon_i} \geq M$ porque $\varepsilon_i = 0$.

VARIABLES DE SOPORTE: DATOS EN EL LADO INCORRECTO DEL HIPERPLANO

Si x_i está en el lado equivocado del hiperplano, entonces x_i sobresale en el margen por un cierto multiple de M, $\varepsilon_i M$ donde $\varepsilon_i > 1$.

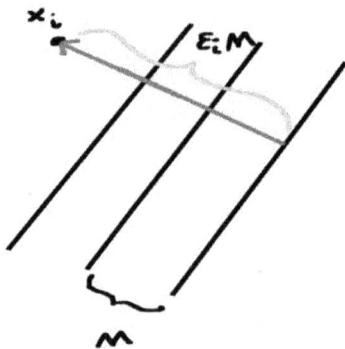

La distancia entre x_i y el hiperplano es $\varepsilon_i M - M$. La distancia entonces es $M - \varepsilon_i M$. Sin embargo, la distancia absoluta entre x_i y el hiperplano es dad por

$$\frac{1}{||\beta||} y_i (\beta_0 + \beta_1 x_{i1} + \cdots + \beta_p x_{ip}).$$

So $\frac{1}{||\beta||} y_i (\beta_0 + \beta_1 x_{i1} + \cdots + \beta_p x_{ip}) = M - \varepsilon_i M$

$$\Longrightarrow \qquad \frac{1}{||\beta||} y_i (\beta_0 + \beta_1 x_{i1} + \cdots + \beta_p x_{ip}) \cdot \frac{1}{1 - \varepsilon_i} = M$$

FORMULACIÓN DEL PROBLEMA DE OPTIMIZACIÓN

Al igual que en el caso del clasificador de margen máximo, queremos maximizar el margen para que los puntos en el lado correcto del hiperplano estén lo más alejados posible del hiperplano.

No solo queremos maximizar el margen, también queremos minimizar las violaciones del margen, esos x_i tal que $\varepsilon_i > 0$. Imagina que $\sum_{i=1}^{N} \varepsilon_i \leq K$, donde K es una constante llamada **parámetro de ajuste**. Entonces porque $\varepsilon_i > 1$ corresponde a puntos en el lado equivocado del hiperplano,

$$\sum_{i:\varepsilon_i > 1} \varepsilon_i \geq \sum_{i:\varepsilon_i > 1} 1 = \# \text{ de puntos en el lado equivocado del hiperplano}$$

$$\Longrightarrow \qquad \# \text{ de puntos en el lado equivocado del hiperplano} \leq \sum_{i:\varepsilon_i > 1} \varepsilon_i \leq \sum_{i=1}^{N} \varepsilon_i \leq K.$$

Así que el número de puntos en el lado incorrecto del hiperplano está delimitado por K. Si K es un valor más pequeño, menos margen de maniobra para que los puntos violen el margen.

Recuerde que, al tratar de encontrar el hiperplano de margen máximo, necesitábamos resolver el problema de optimización

$$\underset{(\beta_0, \beta) \in \mathbb{R}^{p+1}}{minimize} \frac{1}{2} ||\beta||^2 \qquad \text{dada la restricción}$$

$$y_i(\beta_0 + \beta_1 x_{i1} + \cdots + \beta_p x_{ip}) \geq 1 \text{ por cada } i = 1, \dots, N$$

Al tratar de encontrar el hiperplano de margen suave, no solo queremos maximizar el margen, pero también queremos minimizar las violaciones del margen. Así que tenemos que resolver el problema de optimización

$$\underset{(\beta_0, \beta, \varepsilon) \in \mathbb{R}^{p+1+N}}{minimize} \frac{1}{2} ||\beta||^2 + C \sum_{i=1}^{N} \varepsilon_i \quad \text{dada la restricción}$$

$$y_i(\beta_0 + \beta_1 x_{i1} + \cdots + \beta_p x_{ip}) \geq 1 - \varepsilon_i \; \forall i = 1, \dots, N$$

$$\varepsilon_i \geq 0 \; \forall i = 1, \dots, N$$

DEFINICIÓN DE CLASIFICADOR DE VECTORES DE SOPORTE

Una vez que encontremos $(\beta_0^*, \ldots, \beta_p^*, \varepsilon_1^*, \ldots, \varepsilon_N^*)$ que minimiza $\frac{1}{2}||\beta||^2 + C\sum_{i=1}^N \varepsilon_i$, podemos usar el hiperplano dado por $\beta_0^* + \beta_1^* X_1 + \cdots + \beta_p^* X_p = 0$ para clasificar un punto de prueba $(x_1, \ldots, x_p)$ como sigue:

Si $\beta_0^* + \beta_1^* x_1 + \cdots + \beta_p^* x_p > 0$, entonces el punto de prueba se asigna a la clase 1.

Si $\beta_0^* + \beta_1^* x_1 + \cdots + \beta_p^* x_p < 0$, entonces el punto de prueba se asigna a la clase -1.

Esta forma de clasificar los puntos de prueba se denomina como **clasificador de vectores de soporte** o **clasificador de margen suave**.

EL PROBLEMA DE OPTIMIZACIÓN CONVEXO

Ahora, volvamos a nuestro problema de minimización,

$$\underset{(\beta_0,\beta,\varepsilon)\in\mathbb{R}^{p+1+N}}{minimize} \frac{1}{2}||\beta||^2 + C\sum_{i=1}^N \varepsilon_i \quad \text{dada la restricción}$$

$$y_i(\beta_0 + \beta_1 x_{i1} + \cdots + \beta_p x_{ip}) \geq 1 - \varepsilon_i \ \forall i = 1, \ldots, N$$

$$\varepsilon_i \geq 0 \ \forall i = 1, \ldots, N$$

Este es un problema de optimización convexo, donde

$f: \mathbb{R}^{p+1+N} \longrightarrow \mathbb{R}$ dado que $f(\beta_0, \ldots, \beta_p, \varepsilon_1, \ldots, \varepsilon_N) = \frac{1}{2}||\beta||^2 + C\sum_{i=1}^N \varepsilon_i$, y

$g_i: \mathbb{R}^{p+1+N} \longrightarrow \mathbb{R}$ dado que $g_i(\beta_0, \ldots, \beta_p, \varepsilon_1, \ldots, \varepsilon_N) = 1 - \varepsilon_i - y_i(\beta_0 + \cdots + \beta_p x_{ip})$,

$$\text{por cada } i = 1, \ldots, N, \text{ y}$$

$h_i: \mathbb{R}^{p+1+N} \longrightarrow \mathbb{R}$ dado que $h_i(\beta_0, \ldots, \beta_p, \varepsilon_1, \ldots, \varepsilon_N) = -\varepsilon_i$, por cada $i = 1, \ldots, N$

son funciones convexas diferenciables.

Nuestro problema de optimización convexo toma la forma

$$\underset{(\beta_0,\beta,\varepsilon)\in\mathbb{R}^{p+1+N}}{minimize} f(\beta_0, \ldots, \beta_p, \varepsilon_1, \ldots, \varepsilon_N) \quad \text{dada la restricción}$$

$$g_i(\beta_0, \ldots, \beta_p, \varepsilon_1, \ldots, \varepsilon_N) \leq 0 \text{ por cada } i = 1, \ldots, N$$

$$h_i(\beta_0, \ldots, \beta_p, \varepsilon_1, \ldots, \varepsilon_N) \leq 0 \text{ por cada } i = 1, \ldots, N.$$

RESOLVIENDO EL PROBLEMA DE OPTIMIZACIÓN CONVEXO (CON MARGEN SUAVE)

Podemos resolver esto utilizando los multiplicadores de Lagrange. Considera el lagrangiano $L \colon \mathbb{R}^{p+1+N} \times \mathbb{R}^N \times \mathbb{R}^N \longrightarrow \mathbb{R}$ dado por $L(x, \alpha, \mu) = f(x) + \sum_{i=1}^{N} \alpha_i g_i(x) + \sum_{i=1}^{N} \mu_i h_i(x)$.

El α_i y μ_i se llaman multiplicadores de Lagrange.

$$L(x, \alpha, \mu) = \frac{1}{2}\lVert \beta \rVert^2 + C\sum_{i=1}^{N}\varepsilon_i + \sum_{i=1}^{N}\alpha_i(1 - \varepsilon_i - y_i(\beta_0 + \cdots + \beta_p x_{ip})) + \sum_{i=1}^{N}\mu_i(-\varepsilon_i)$$

$$= \frac{1}{2}\lVert \beta \rVert^2 + C\sum_{i=1}^{N}\varepsilon_i - \sum_{i=1}^{N}\alpha_i(y_i(\beta_0 + \cdots + \beta_p x_{ip}) - (1 - \varepsilon_i)) - \sum_{i=1}^{N}\mu_i\varepsilon_i$$

Queremos minimizar $L(x, \alpha, \mu)$.

Encontremos $\nabla_x L(x, \alpha, \mu)$ y establecerlo igual a 0.

$\frac{\partial L}{\partial \beta_j} = \beta_j - \sum_{i=1}^{N}\alpha_i y_i x_{ij}$ por cada $j = 1, \dots, N$

$$\frac{\partial L}{\partial \beta_0} = -\sum_{i=1}^{N}\alpha_i y_i$$

$\frac{\partial L}{\partial \varepsilon_j} = C - \alpha_j - \mu_j$ por cada $j = 1, \dots, N$

Poniendo $\frac{\partial L}{\partial \beta_j} = 0 \Longrightarrow \beta_j = \sum_{i=1}^{N}\alpha_i y_i x_{ij}$

$$\Longrightarrow \begin{bmatrix} \beta_1 \\ \vdots \\ \beta_p \end{bmatrix} = \sum_{i=1}^{N}\alpha_i y_i x_i$$

$$\Longrightarrow \beta = \sum_{i=1}^{N}\alpha_i y_i x_i$$

Poniendo $\frac{\partial L}{\partial \beta_0} = 0 \quad \Longrightarrow \sum_{i=1}^{N}\alpha_i y_i = 0$

Poniendo $\frac{\partial L}{\partial \varepsilon_j} = 0 \quad \Longrightarrow \alpha_i = C - \mu_i \quad \forall i = 1, \dots, N.$

La viabilidad primaria requiere que $g_i(x) \le 0 \ \forall i$ y que $h_i(x) \le 0 \ \forall i$.

En otras palabras, $\quad y_i(\beta_0 + \cdots + \beta_p x_{ip}) \ge 1 - \varepsilon_i \ \forall i$

$$\varepsilon_i \ge 0 \ \forall i.$$

La doble viabilidad requiere que $\alpha_i \ge 0 \ \forall i$ y que $\mu_i \ge 0 \ \forall i$.

Sustituyendo los valores por β y por α_i adrentro de $L(x, \alpha, \mu)$, obtenemos

$$L_D(x, \alpha, \mu) = \sum_{i=1}^{N} \alpha_i - \frac{1}{2} \sum_{i=1}^{N} \sum_{j=1}^{N} \alpha_i \alpha_j y_i y_j x_i^T x_j \qquad (\text{el } \boldsymbol{\textit{lagrangiano dual}})$$

Ahora, queremos encontrar $\max\limits_{\substack{\alpha, \mu: \alpha_i \geq 0 \; \forall i \\ \mu_i \geq 0 \; \forall i}} L_D(x, \alpha, \mu)$.

Nuestro problema ahora es

$$\underset{\alpha, \mu}{maximize} \left[\sum_{i=1}^{N} \alpha_i - \frac{1}{2} \sum_{i=1}^{N} \sum_{j=1}^{N} \alpha_i \alpha_j y_i y_j x_i^T x_j \right],$$

dadas las restricciones $\alpha_i \geq 0 \; \forall i$

$$\mu_i \geq 0 \; \forall i$$

$$\sum_{i=1}^{N} \alpha_i y_i = 0$$

$$\alpha_i = C - \mu_i \; \forall i$$

Esto es lo mismo que

$$\underset{\alpha, \mu}{maximize} \left[\sum_{i=1}^{N} \alpha_i - \frac{1}{2} \sum_{i=1}^{N} \sum_{j=1}^{N} \alpha_i \alpha_j y_i y_j x_i^T x_j \right],$$

dadas las restricciones $0 \leq \alpha_i \leq C \; \forall i$

$$\sum_{i=1}^{N} \alpha_i y_i = 0$$

$$\alpha_i = C - \mu_i \; \forall i$$

Dado que la función que se maximiza no depende de μ, el problema es equivalente a

$$\underset{\alpha}{maximize} \left[\sum_{i=1}^{N} \alpha_i - \frac{1}{2} \sum_{i=1}^{N} \sum_{j=1}^{N} \alpha_i \alpha_j y_i y_j x_i^T x_j \right],$$

dadas las restricciones $0 \leq \alpha_i \leq C \; \forall i$

$$\sum_{i=1}^{N} \alpha_i y_i = 0$$

COEFICIENTES PARA EL HIPERPLANO DE MARGEN SUAVE

Una vez resuelto este nuevo problema de optimización convexo α, podemos encontrar β de $\beta = \sum_{i=1}^{N} \alpha_i y_i x_i$.

Por la condición de flojera complementaria, $\alpha_i g_i(x) = 0\ \forall i$ y $\mu_i h_i(x) = 0\ \forall i$. Así que,

$$\alpha_i \left(1 - \varepsilon_i - y_i(\beta_0 + \cdots + \beta_p x_{ip})\right) = 0\ \forall i \ \ y\ \ \mu_i \varepsilon_i = 0\ \forall i.$$

Si $\alpha_i = 0$, entonces $\alpha_i = C - \mu_i \implies \mu_i = C$

$$\implies \varepsilon_i = 0 \text{ porque } \mu_i \varepsilon_i = 0.$$

Si $\alpha_i > 0$ y $\varepsilon_i = 0$ por algún i, entonces podemos encontrar β_0 de la ecuación

$$\alpha_i \left(1 - \varepsilon_i - y_i(\beta_0 + \cdots + \beta_p x_{ip})\right) = 0.$$

El valor distino a zero ε_i se puede encontrar a partir de las ecuaciones

$$\alpha_i \left(1 - \varepsilon_i - y_i(\beta_0 + \cdots + \beta_p x_{ip})\right) = 0\ \forall i.$$

VECTORES DE SOPORTE (MARGEN SUAVE)

Nota que si $\alpha_i > 0$, entonces $\left(1 - \varepsilon_i - y_i(\beta_0 + \cdots + \beta_p x_{ip})\right) = 0$

$$\implies y_i(\beta_0 + \cdots + \beta_p x_{ip}) = 1 - \varepsilon_i \ \ y\ \ x_i \text{ se llama un vector de soporte.}$$

Si $y_i(\beta_0 + \cdots + \beta_p x_{ip}) > 1 - \varepsilon_i$, entonces $1 - \varepsilon_i - y_i(\beta_0 + \cdots + \beta_p x_{ip}) < 0$

$$\implies \alpha_i = 0 \text{ porque } \alpha_i \left(1 - \varepsilon_i - y_i(\beta_0 + \cdots + \beta_p x_{ip})\right) = 0\ \forall i,$$

$$y\ \ x_i \text{ no es relevante en } \beta = \sum_{i=1}^{N} \alpha_i y_i x_i.$$

β es una combinación lineal de solo los vectores de soporte.

CLASIFICACIÓN DE LOS PUNTOS DE PRUEBA (CON MARGEN SUAVE)

Si dejamos que $\hat{f}(x) = \beta_0^* + \beta_1^* x_1 + \cdots + \beta_p^* x_p$, donde $x = (x_1, \ldots, x_p)$ es arbitrario en $\mathbb{R}^p$ y $(\beta_0^*, \beta_1^*, \ldots, \beta_p^*)$ es la solución a nuestro problema de optimización, entonces $\hat{f}(x) = \langle x, \beta^* \rangle + \beta_0^*$.

Porque $\beta^* = \sum_{i=1}^{N} \alpha_i y_i x_i$, $\hat{f}(x) = \sum_{i=1}^{N} \alpha_i y_i \langle x, x_i \rangle + \beta_0^*$.

Cualquier punto de prueba x Se pueden clasificar según el signo (positivo o negativo) de $\hat{f}(x)$.

CLASIFICADOR DE VECTORES DE SOPORTE EJEMPLO 1

Supongamos que tenemos los siguientes puntos de datos:

$x_1 = (0,0), x_2 = (1,0), x_3 = (0,1), x_4 = (0,-1)$ con

$y_1 = 1, y_2 = 1, y_3 = -1, y_4 = -1.$

Encuentra el hiperplano de margen suave (con parámetro de ajuste C=2) e identificar cualquier vector de soporte.

Solución:

Nuestro problema de optimización convexo toma la forma:

$$\underset{(\beta_0,\beta,\varepsilon)\in\mathbb{R}^7}{minimize} f(\beta_0,\beta_1,\beta_2,\varepsilon_1,\varepsilon_2,\varepsilon_3,\varepsilon_4) \quad \text{dada la restricción}$$

$$g_i(\beta_0,\beta_1,\beta_2,\varepsilon_1,\varepsilon_2,\varepsilon_3,\varepsilon_4) \le 0 \text{ por cada } i = 1,2,3,4, \text{ y}$$

$$h_i(\beta_0,\beta_1,\beta_2,\varepsilon_1,\varepsilon_2,\varepsilon_3,\varepsilon_4) \le 0 \text{ por cada } i = 1,2,3,4,$$

donde

$$f(\beta_0,\beta,\varepsilon) = \frac{1}{2}||\beta||^2 + C\sum_{i=1}^{4}\varepsilon_i$$

$$g_i(\beta_0,\beta,\varepsilon) = 1 - \varepsilon_i - y_i(\beta_0 + \beta_1 x_{i1} + \beta_2 x_{i2})$$

$$\text{por cada } i = 1,2,3,4$$

$$h_i(\beta_0,\beta,\varepsilon) = -\varepsilon_i \text{ por cada } i = 1,2,3,4.$$

Entonces $g_1 = 1 - \varepsilon_1 - \beta_0$

$g_2 = 1 - \varepsilon_2 - (\beta_0 + \beta_1)$

$g_3 = 1 - \varepsilon_3 + (\beta_0 + \beta_2)$

$g_4 = 1 - \varepsilon_4 + (\beta_0 - \beta_2)$

$h_1 = -\varepsilon_1$

$h_2 = -\varepsilon_2$

$h_3 = -\varepsilon_3$

$h_4 = -\varepsilon_4.$

El doble lagrangiano está dado por $L_D(\alpha) = \sum_{i=1}^{4}\alpha_i - \frac{1}{2}\sum_{i=1}^{4}\sum_{j=1}^{4}\alpha_i\alpha_j y_i y_j x_i^T x_j.$

Entonces $L_D(\alpha) = (\alpha_1 + \alpha_2 + \alpha_3 + \alpha_4) - \frac{1}{2}[\alpha_2^2 + \alpha_3^2 + \alpha_4^2 - 2\alpha_3\alpha_4]$.

Queremos maximizar $L_D(\alpha)$ sujeto a las restricciones $0 \leq \alpha_i \leq C$ $\forall i$ and $\alpha_1 y_1 + \alpha_2 y_2 + \alpha_3 y_3 + \alpha_4 y_4 = 0$. Es decir, necesitamos $0 \leq \alpha_i \leq C$ $\forall i$ y necesitamos $\alpha_1 + \alpha_2 - \alpha_3 - \alpha_4 = 0$.

Estas restricciones nos dan un plano de cuatro dimensiones en el cuadro positivo $0 \leq \alpha_i \leq C$ $\forall i$.

Usando $\alpha_1 = -\alpha_2 + \alpha_3 + \alpha_4$, vuelve a escribir L_D como sigue:

$$L_D(\alpha_2, \alpha_3, \alpha_4) = 2(\alpha_3 + \alpha_4) - \frac{1}{2}[\alpha_2^2 + \alpha_3^2 + \alpha_4^2 - 2\alpha_3\alpha_4].$$

Las limitaciones $0 \leq \alpha_i \leq C$ $\forall i$ y $\alpha_1 = -\alpha_2 + \alpha_3 + \alpha_4$ nos da una región sólida dentro de la caja positiva $0 \leq \alpha_2, \alpha_3, \alpha_4 \leq C$.

$$0 \leq \alpha_1 \leq C \implies 0 \leq -\alpha_2 + \alpha_3 + \alpha_4 \leq C$$

$$\implies \alpha_2 - \alpha_3 \leq \alpha_4 \leq C + \alpha_2 - \alpha_3.$$

Deja que $S = \{(\alpha_2, \alpha_3, \alpha_4)|0 \leq \alpha_2, \alpha_3, \alpha_4 \leq C$ y $\alpha_2 - \alpha_3 \leq \alpha_4 \leq C + \alpha_2 - \alpha_3\}$.

S se ve más o menos así:

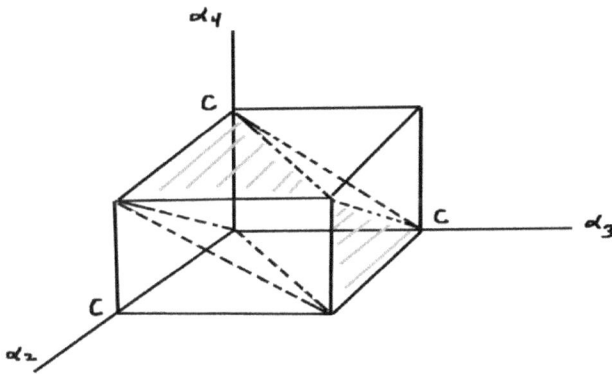

S Es un sólido de 8 lados dentro de la caja positiva. Piense en una losa inclinada que corta a través de la caja positiva. S sería la intersección de la losa y la caja.

Queremos maximizar $L_D(\alpha_2, \alpha_3, \alpha_4)$ en S.

$L_D(\alpha_2, \alpha_3, \alpha_4)$ es una función continua en la región cerrada y delimitada por S. Así que para encontrar el máximo absoluto de L_D en S, tenemos que comprobar si hay puntos críticos en S y para cualquier valor extremo de L_D exactamente en el límite de S. El mayor valor de 1) los valores de L_D de cualquier punto crítico en S y 2) los valores extremos de L_D exactamente en el límite de S es el valor máximo absoluto.

Busquemos puntos críticos en el interior de S configurando $\nabla L_D = 0$.

$$\frac{\partial L_D}{\partial \alpha_2} = -\alpha_2$$

$$\frac{\partial L_D}{\partial \alpha_3} = 2 - \alpha_3 + \alpha_4$$

$$\frac{\partial L_D}{\partial \alpha_4} = 2 - \alpha_4 + \alpha_3$$

Poniendo $\nabla L_D = 0 \implies -\alpha_2 = 0$

$$-\alpha_3 + \alpha_4 = -2$$

$$\alpha_3 - \alpha_4 = -2$$

Este sistema no tiene solución.

No hay ningún punto crítico en el interior de S. Necesitamos comprobar el límite de S.

El límite de S consiste de ocho caras $F_1, \dots, F_8$ definidos como sigue:

$F_1 = \{(\alpha_2, \alpha_3, \alpha_4) | \alpha_2 = 0, 0 \le \alpha_3 \le C, 0 \le \alpha_4 \le C - \alpha_3\}$

$F_2 = \{(\alpha_2, \alpha_3, \alpha_4) | \alpha_2 = C, 0 \le \alpha_3 \le C, C - \alpha_3 \le \alpha_4 \le C\}$

$F_3 = \{(\alpha_2, \alpha_3, \alpha_4) | \alpha_3 = 0, 0 \le \alpha_2 \le C, \alpha_2 \le \alpha_4 \le C\}$

$F_4 = \{(\alpha_2, \alpha_3, \alpha_4) | \alpha_3 = C, 0 \le \alpha_2 \le C, 0 \le \alpha_4 \le \alpha_2\}$

$F_5 = \{(\alpha_2, \alpha_3, \alpha_4) | \alpha_4 = 0, 0 \le \alpha_2 \le C, \alpha_2 \le \alpha_3 \le C\}$

$F_6 = \{(\alpha_2, \alpha_3, \alpha_4) | \alpha_4 = C, 0 \le \alpha_2 \le C, 0 \le \alpha_3 \le \alpha_2\}$

$F_7 = \{(\alpha_2, \alpha_3, \alpha_4) | \alpha_4 = \alpha_2 - \alpha_3, 0 \le \alpha_2 \le C, 0 \le \alpha_3 \le C\}$

$F_8 = \{(\alpha_2, \alpha_3, \alpha_4) | \alpha_4 = C + \alpha_2 - \alpha_3, 0 \le \alpha_2 \le C, 0 \le \alpha_3 \le C\}$

Para encontrar los valores extremos de L_D sobre las caras, necesitamos verificar los puntos críticos dentro de las caras y los valores extremos en los bordes de cada cara. Los cálculos son tediosos, y resulta que, por $C = 2$, el valor máximo de L_D es 6 y ocurre en $(\alpha_1, \alpha_2, \alpha_3, \alpha_4) = (2, 2, 2, 2)$.

$\beta = \sum_{i=1}^{4} \alpha_i y_i x_i \implies \beta = \begin{bmatrix} 2 \\ 0 \end{bmatrix}.$

Por flojedad complementaria, tenemos que $\alpha_i[1 - \varepsilon_i - y_i(\beta_0 + \beta_1 x_{i1} + \beta_2 x_{i2})] = 0 \ \forall i = 1, 2, 3, 4.$

Esto nos da un sistema de 4 ecuaciones y 5 variables $\varepsilon_1, \varepsilon_2, \varepsilon_3, \varepsilon_4, \beta_0$. Resolviendo este sistema da $\varepsilon_1 = 2, \varepsilon_2 = \varepsilon_3 = \varepsilon_4 = 0$, y $\beta_0 = -1$.

La ecuación de nuestro hiperplano está dada por $\beta_0 + \beta_1 X_1 + \beta_2 X_2 = 0$. Entonces obtenemos $-1 + 2X_1 = 0$

$$\implies X_1 = \frac{1}{2}.$$

Porque $\alpha_i > 0$ por cada $i = 1, 2, 3, 4$, tenemos que $y_i(\beta_0 + \beta_1 x_{i1} + \beta_2 x_{i2}) = 1 - \varepsilon_i$ por cada i. Entonces, x_1, x_2, x_3, x_4 son todos los vectores de soporte.

Una última cosa. ¿Qué pasa si aumentamos o disminuimos el valor de C? Repetí el proceso que acabamos de realizar para los casos $C = 1$ y $C = 4$.

Por $C = 4$, L_D tiene un valor máximo absoluto de 10 y ocurre en $(\alpha_1, \alpha_2, \alpha_3, \alpha_4) = (4, 2, 3, 3)$.

$\beta = \begin{bmatrix} 2 \\ 0 \end{bmatrix}, \beta_0 = -1, \varepsilon_1 = 2, \varepsilon_2 = \varepsilon_3 = \varepsilon_4 = 0$, y el hiperplano es $X_1 = \frac{1}{2}$, el mismo resultado que obtuvimos para $C = 2$.

Por $C = 1$, L_D tiene un valor máximo absoluto de $3\frac{1}{2}$ y ocurre en $(\alpha_1, \alpha_2, \alpha_3, \alpha_4) = (1, 1, 1, 1)$.

$\beta = \begin{bmatrix} 1 \\ 0 \end{bmatrix}$. Las ecuaciones de flojedad complementarias

$\alpha_i[1 - \varepsilon_i - y_i(\beta_0 + \beta_1 x_{i1} + \beta_2 x_{i2})] = 0 \ \forall i = 1, 2, 3, 4$

nos da un sistema de 4 ecuaciones y 5 variables $\varepsilon_1, \varepsilon_2, \varepsilon_3, \varepsilon_4, \beta_0$. Este sistema tiene más de una solución.

Una solución es $\beta_0 = 0, \varepsilon_1 = 1, \varepsilon_2 = 0, \varepsilon_3 = 1, \varepsilon_4 = 1$. El hiperplano es $X_1 = 0$.

Otra solución es $\beta_0 = -1, \varepsilon_1 = 2, \varepsilon_2 = 1, \varepsilon_3 = 0, \varepsilon_4 = 0$. El hiperplano es $X_1 = 1$.

CLASIFICADOR DE VECTORES DE SOPORTE EJEMPLO 2

Supongamos que tenemos los siguientes puntos de datos:

$x_1 = (1, 0), x_2 = (0, 1), x_3 = (0, -1), x_4 = (0, 0), x_5 = (2, 0)$ con

$y_1 = 1, y_2 = 1, y_3 = 1, y_4 = -1, y_5 = -1.$

Encuentra el hiperplano de margen suave (con parámetro de ajuste C=1) e identifique cualquier vector de soporte.

Solución:

Nuestro problema de optimización convexo toma la forma:

$$\begin{array}{c}minimize\\(\beta_0,\beta,\varepsilon)\in\mathbb{R}^8\end{array} f(\beta_0,\beta_1,\beta_2,\varepsilon_1,\varepsilon_2,\varepsilon_3,\varepsilon_4,\varepsilon_5) \text{ dada la restricción}$$

$$g_i(\beta_0,\beta,\varepsilon) \le 0 \text{ por cada } i=1,...5, \text{ y}$$

$$h_i(\beta_0,\beta,\varepsilon) \le 0 \text{ por cada } i=1,...5, \text{ donde}$$

$$f(\beta_0,\beta,\varepsilon) = \frac{1}{2}||\beta||^2 + C\sum_{i=1}^5 \varepsilon_i$$

$$g_i(\beta_0,\beta,\varepsilon) = 1 - \varepsilon_i - y_i(\beta_0 + \beta_1 x_{i1} + \beta_2 x_{i2})$$

$$\text{por cada } i=1,...,5$$

$$h_i(\beta_0,\beta,\varepsilon) = -\varepsilon_i \text{ por cada } i=1,...,5.$$

Entonces $g_1 = 1 - \varepsilon_1 - (\beta_0 + \beta_1)$

$g_2 = 1 - \varepsilon_2 - (\beta_0 + \beta_2)$

$g_3 = 1 - \varepsilon_3 - (\beta_0 - \beta_2)$

$g_4 = 1 - \varepsilon_4 + (\beta_0)$

$g_5 = 1 - \varepsilon_5 + (\beta_0 + 2\beta_1)$

$h_1 = -\varepsilon_1$

$h_2 = -\varepsilon_2$

$h_3 = -\varepsilon_3$

$h_4 = -\varepsilon_4$

$h_5 = -\varepsilon_5$

El doble lagrangiano está dado por $L_D(\alpha) = \sum_{i=1}^5 \alpha_i - \frac{1}{2}\sum_{i=1}^5\sum_{j=1}^5 \alpha_i\alpha_j y_i y_j x_i^T x_j$.

Entonces que $L_D(\alpha) = (\alpha_1 + \cdots + \alpha_5) - \frac{1}{2}[\alpha_1^2 + \alpha_2^2 + \alpha_3^2 + 4\alpha_5^2 - 4\alpha_1\alpha_5 - 2\alpha_2\alpha_3]$.

Queremos maximizar $L_D(\alpha)$ sujeto a las restricciones $0 \le \alpha_i \le C\ \forall i$ y $\alpha_1 y_1 + \cdots + \alpha_5 y_5 = 0$. Es decir, necesitamos $0 \le \alpha_i \le C\ \forall i$ y $\alpha_1 + \alpha_2 + \alpha_3 - \alpha_4 - \alpha_5 = 0$.

Estas restricciones nos dan un plano de cinco dimensiones en el cuadro positivo $0 \le \alpha_i \le C\ \forall i$.

Deja que $H = \{(\alpha_1,...,\alpha_5)\in\mathbb{R}^5 | 0 \le \alpha_i \le C\ \forall i$ y $\alpha_1 + \alpha_2 + \alpha_3 - \alpha_4 - \alpha_5 = 0\}$.

Queremos maximizar $L_D(\alpha_1,...,\alpha_5)$ en H.

Para encontrar el máximo de $L_D(\alpha_1, \dots, \alpha_5)$ en H, Podemos usar cualquier software computacional.

Resulta que, por $C = 1$, el valor máximo de L_D en H es $\frac{7}{2}$ y ocurre en $(\alpha_1, \dots, \alpha_5) = (1, \frac{1}{2}, \frac{1}{2}, 1, 1)$.

$$\beta = \sum_{i=1}^{5} \alpha_i y_i x_i \implies \beta = \begin{bmatrix} -1 \\ 0 \end{bmatrix}.$$

Por flojedad complementaria, tenemos que $\alpha_i[1 - \varepsilon_i - y_i(\beta_0 + \beta_1 x_{i1} + \beta_2 x_{i2})] = 0 \ \forall i = 1, \dots, 5$, y $\mu_i \varepsilon_i = 0 \ \forall i$.

Porque $\alpha_2, \alpha_3 \neq C$ y $\alpha_i = C - \mu_i \ \forall i$, $\mu_2, \mu_3 \neq 0$. Entonces, $\varepsilon_2 = \varepsilon_3 = 0$ porque $\mu_i \varepsilon_i = 0 \ \forall i$.

Usando $\alpha_i[1 - \varepsilon_i - y_i(\beta_0 + \beta_1 x_{i1} + \beta_2 x_{i2})] = 0 \ \forall i$, podemos resolver el problema para β_0 y los ε's. Obtenemos que $\beta_0 = 1, \varepsilon_1 = 1, \varepsilon_2 = 0, \varepsilon_3 = 0, \varepsilon_4 = 2, \varepsilon_5 = 0$. La ecuación de nuestro hiperplano está dada por $\beta_0 + \beta_1 X_1 + \beta_2 X_2 = 0$. Así obtenemos $1 - X_1 = 0$

$$\implies X_1 = 1.$$

Porque $\alpha_i > 0$ por $i = 1, \dots, 5$, tenemos que $y_i(\beta_0 + \beta_1 x_{i1} + \beta_2 x_{i2}) = 1 - \varepsilon_i$ por cada i. Entonces, $x_1, \dots, x_5$ son todos los vectores de soporte.

¿Qué pasa si aumentamos o disminuimos C?

Si $C = 2$, L_D tiene un valor máximo absoluto de $\frac{13}{2}$ y ocurre en $(\alpha_1, \dots, \alpha_5) = \left(2, \frac{3}{4}, \frac{3}{4}, 2, \frac{3}{2}\right)$.

$\beta = \begin{bmatrix} -1 \\ 0 \end{bmatrix}, \beta_0 = 1, \varepsilon_1 = 1, \varepsilon_2 = 0, \varepsilon_3 = 0, \varepsilon_4 = 2, \varepsilon_5 = 0$, y el hiperplano es $X_1 = 1$, el mismo resultado que obtuvimos para $C = 1$.

Por $C = \frac{1}{2}$, L_D tiene un valor máximo absoluto de $\frac{15}{8}$ y ocurre en $(\alpha_1, \dots, \alpha_5) = \left(\frac{1}{2}, \frac{1}{4}, \frac{1}{4}, \frac{1}{2}, \frac{1}{2}\right)$.

$\beta = \begin{bmatrix} -1/2 \\ 0 \end{bmatrix}, \beta_0 = 1, \varepsilon_1 = 1/2, \varepsilon_2 = 0, \varepsilon_3 = 0, \varepsilon_4 = 2, \varepsilon_5 = 1$, y el hiperplano es $X_1 = 2$.

RESUMEN: CLASIFICADOR DE VECTORES DE SOPORTE

- Si los $x_i's$ no son separables por un hiperplano, todavía podemos intentar encontrar un hiperplano que separe la mayoría de los puntos pero que permita algunas violaciones del margen.

- Una vez que encontramos el hiperplano de margen suave, podemos clasificar los nuevos puntos dependiendo de en qué lado del hiperplano se encuentra el nuevo punto.

- Para encontrar el hiperplano de margen suave, maximizamos el margen y penalizamos las infracciones del margen.

- Terminamos con un problema de optimización convexo, que se resuelve utilizando los multiplicadores de Lagrange.

EJERCICIOS: CLASIFICADOR DE VECTORES DE SOPORTE

1. Supongamos que tenemos los siguientes puntos de datos:

   $x_1 = (0,0), x_2 = (0,1), x_3 = (-1,0), x_4 = (1,0)$ con

   $y_1 = -1, y_2 = -1, y_3 = 1, y_4 = 1$.

   a) Encuentra el hiperplano de margen suave (con parámetro de ajuste C=2) e identifique cualquier vector de soporte.

   b) Repita con C=4.

   c) Repita con C=1.

2. Supongamos que tenemos los siguientes puntos de datos:

   $x_1 = (0,1), x_2 = (0,-1), x_3 = (0,0), x_4 = (1,1), x_5 = (1,-1)$ con

   $y_1 = 1, y_2 = 1, y_3 = -1, y_4 = -1, y_5 = -1$.

   a) Encuentra el hiperplano de margen suave (con parámetro de ajuste C=2) e identifique cualquier vector de soporte.

   b) Repita con C=4.

   c) Repita con C=1.

SOLUCIONES: CLASIFICADOR DE VECTORES DE SOPORTE

1. Nuestro problema de optimización convexo toma la forma:

$$\underset{(\beta_0,\beta,\varepsilon)\in\mathbb{R}^7}{\text{minimize}} \; f(\beta_0,\beta_1,\beta_2,\varepsilon_1,\varepsilon_2,\varepsilon_3,\varepsilon_4) \qquad \text{dada la restricción}$$

$$g_i(\beta_0,\beta,\varepsilon) \leq 0 \text{ por cada } i = 1,2,3,4$$

$$\text{y } h_i(\beta_0,\beta,\varepsilon) \leq 0 \text{ por cada } i = 1,2,3,4$$

$$\text{donde } (\beta_0,\beta,\varepsilon) = \frac{1}{2}\|\beta\|^2 + C\sum_{i=1}^4 \varepsilon_i \,,$$

$$g_i(\beta_0,\beta,\varepsilon) = 1 - \varepsilon_i - y_i(\beta_0 + \beta_1 x_{i1} + \beta_2 x_{i2}) \text{ por} = 1,2,3,4 \,,$$
$$\text{y } h_i(\beta_0,\beta,\varepsilon) = -\varepsilon_i \text{ por cada } i = 1,2,3,4$$

Entonces $g_1 = 1 - \varepsilon_1 + (\beta_0)$
$g_2 = 1 - \varepsilon_2 + (\beta_0 + \beta_2)$
$g_3 = 1 - \varepsilon_3 - (\beta_0 - \beta_1)$
$g_4 = 1 - \varepsilon_4 - (\beta_0 + \beta_1)$
$h_1 = -\varepsilon_1$
$h_2 = -\varepsilon_2$
$h_3 = -\varepsilon_3$
$h_4 = -\varepsilon_4$.

El doble lagrangiano está dado por $L_D(\alpha) = \sum_{i=1}^4 \alpha_i - \frac{1}{2}\sum_{i=1}^4\sum_{j=1}^4 \alpha_i\alpha_j y_i y_j x_i^T x_j$.

So $L_D(x,\alpha) = (\alpha_1 + \alpha_2 + \alpha_3 + \alpha_4) - \frac{1}{2}[\alpha_2^2 + \alpha_3^2 + \alpha_4^2 - 2\alpha_3\alpha_4]$

Queremos maximizar $L_D(\alpha)$ sujeto a las restricciones $0 \leq \alpha_i \leq C \; \forall i$ and $\alpha_1 y_1 + \alpha_2 y_2 + \alpha_3 y_3 + \alpha_4 y_4 = 0$. Es decir, necesitamos $0 \leq \alpha_i \leq C \; \forall i$ y $-\alpha_1 - \alpha_2 + \alpha_3 + \alpha_4 = 0$. Estas restricciones nos dan un plano de cuatro dimensiones en el cuadro positivo $0 \leq \alpha_i \leq C \; \forall i$.

Deja que $H = \{(\alpha_1,...,\alpha_4) \in \mathbb{R}^4 | 0 \leq \alpha_i \leq C \; \forall i \text{ y } -\alpha_1 - \alpha_2 + \alpha_3 + \alpha_4 = 0\}$. Queremos maximizar $L_D(\alpha_1,...,\alpha_4)$ en H.

Para encontrar el máximo de $L_D(\alpha_1,...,\alpha_4)$ en H, Podemos usar cualquier software computacional.

Resulta que, por $C = 2$, el valor máximo de L_D en H es 6 y ocurre en $(\alpha_1,...,\alpha_4) = (2,2,2,2)$.

$$\beta = \sum_{i=1}^4 \alpha_i y_i x_i$$

$$\Rightarrow \beta = \begin{bmatrix} 0 \\ -2 \end{bmatrix}.$$

Por flojedad complementaria, tenemos que $\alpha_i(1 - \varepsilon_i - y_i(\beta_0 + \beta_1 x_{i1} + \beta_2 x_{i2})) = 0 \; \forall i = 1,...,4$

Esto nos da un sistema de 4 ecuaciones y 5 variables $\varepsilon_1, \varepsilon_2, \varepsilon_3, \varepsilon_4, \beta_0$. Resolviendo este sistema da $\varepsilon_1 = 2, \varepsilon_2 = \varepsilon_3 = \varepsilon_4 = 0$, y $\beta_0 = 1$.

La ecuación de nuestro hiperplano está dada por $\beta_0 + \beta_1 X_1 + \beta_2 X_2 = 0$.

Entonces obtenemos $1 - 2X_2 = 0$

$$\implies X_2 = \frac{1}{2}$$

Porque $\alpha_i > 0$ por cada $i = 1, \ldots, 4$, tenemos que cada x_i satisface $y_i(\beta_0 + \beta_1 x_{i1} + \beta_2 x_{i2}) = 1 - \varepsilon_i$. Entonces, x_1, x_2, x_3, x_4 son todos los vectores de soporte.

b) Por $C = 4$, L_D tiene un valor máximo absoluto de 10 y ocurre en $(\alpha_1, \ldots, \alpha_4) = (4, 2, 3, 3)$.

$\beta = \begin{bmatrix} 0 \\ -2 \end{bmatrix}, \beta_0 = 1, \varepsilon_1 = 2, \varepsilon_2 = \varepsilon_3 = \varepsilon_4 = 0$, y el hiperplano es $X_2 = \frac{1}{2}$, el mismo resultado que obtuvimos para $C = 2$.

c) Por $C = 1$, L_D tiene un valor máximo absoluto de $\frac{7}{2}$ y ocurre en $(\alpha_1, \ldots, \alpha_4) = (1, 1, 1, 1)$.

$\beta = \begin{bmatrix} 0 \\ -1 \end{bmatrix}$. Las ecuaciones de flojedad complementarias

$$\alpha_i\big(1 - \varepsilon_i - y_i(\beta_0 + \beta_1 x_{i1} + \beta_2 x_{i2})\big) = 0 \,\forall\, i = 1, \ldots, 4$$

nos da un sistema de 4 ecuaciones y 5 variables $\varepsilon_1, \varepsilon_2, \varepsilon_3, \varepsilon_4, \beta_0$. Este sistema tiene más de una solución. Una solución es $\beta_0 = 0, \varepsilon_1 = 1, \varepsilon_2 = 0, \varepsilon_3 = 1, \varepsilon_4 = 1$. El hiperplano es $X_2 = 0$. Otra solución es $\beta_0 = 1, \varepsilon_1 = 2, \varepsilon_2 = 1, \varepsilon_3 = 0, \varepsilon_4 = 0$. El hiperplano es $X_2 = 1$.

2. Nuestro problema de optimización convexo toma la forma:

$$\underset{(\beta_0, \beta, \varepsilon) \in \mathbb{R}^8}{\text{minimize}} \quad f(\beta_0, \beta_1, \beta_2, \varepsilon_1, \varepsilon_2, \varepsilon_3, \varepsilon_4, \varepsilon_5) \quad \text{dada la restricción}$$

$$g_i(\beta_0, \beta, \varepsilon) \leq 0 \text{ por cada } i = 1, 2, 3, 4, 5$$

$$\text{y } h_i(\beta_0, \beta, \varepsilon) \leq 0 \text{ por cada } i = 1, 2, 3, 4, 5$$

$$\text{donde } (\beta_0, \beta, \varepsilon) = \frac{1}{2}\|\beta\|^2 + C\sum_{i=1}^{5}\varepsilon_i \,,$$

$$g_i(\beta_0, \beta, \varepsilon) = 1 - \varepsilon_i - y_i(\beta_0 + \beta_1 x_{i1} + \beta_2 x_{i2}) \text{ por cada } i = 1, 2, 3, 4, 5,$$
$$\text{y } h_i(\beta_0, \beta, \varepsilon) = -\varepsilon_i \text{ por cada } i = 1, 2, 3, 4, 5$$

Entonces $g_1 = 1 - \varepsilon_1 - (\beta_0 + \beta_2)$
$g_2 = 1 - \varepsilon_2 - (\beta_0 - \beta_2)$
$g_3 = 1 - \varepsilon_3 + (\beta_0)$
$g_4 = 1 - \varepsilon_4 + (\beta_0 + \beta_1 + \beta_2)$
$g_5 = 1 - \varepsilon_5 + (\beta_0 + \beta_1 - \beta_2)$

$$h_1 = -\varepsilon_1$$
$$h_2 = -\varepsilon_2$$
$$h_3 = -\varepsilon_3$$
$$h_4 = -\varepsilon_4$$
$$h_5 = -\varepsilon_5$$

El doble lagrangiano está dado por $L_D(\alpha) = \sum_{i=1}^{5}\alpha_i - \frac{1}{2}\sum_{i=1}^{5}\sum_{j=1}^{5}\alpha_i\alpha_j y_i y_j x_i^T x_j$.

Entonces $L_D(x,\alpha) = (\alpha_1 + \alpha_2 + \alpha_3 + \alpha_4 + \alpha_5) - \frac{1}{2}[\alpha_1^2 + \alpha_2^2 + 2\alpha_4^2 + 2\alpha_5^2 - 2\alpha_1\alpha_2 - 2\alpha_1\alpha_4 + 2\alpha_1\alpha_5 + 2\alpha_2\alpha_4 - 2\alpha_2\alpha_5]$

Queremos maximizar $L_D(\alpha)$ sujeto a las restricciones $0 \le \alpha_i \le C \; \forall i$ y $\alpha_1 y_1 + \alpha_2 y_2 + \alpha_3 y_3 + \alpha_4 y_4 + \alpha_5 y_5 = 0$. Es decir, necesitamos $0 \le \alpha_i \le C \; \forall i$ y $\alpha_1 + \alpha_2 - \alpha_3 - \alpha_4 - \alpha_5 = 0$. Estas restricciones nos dan un plano de cinco dimensiones en el cuadro positivo $0 \le \alpha_i \le C \; \forall i$.

Deja que $H = \{(\alpha_1, \ldots, \alpha_4, \alpha_5) \in \mathbb{R}^5 | 0 \le \alpha_i \le C \; \forall i \; y \; \alpha_1 + \alpha_2 - \alpha_3 - \alpha_4 - \alpha_5 = 0\}$. Queremos maximizar $L_D(\alpha_1, \ldots, \alpha_4, \alpha_5)$ en H.

Para encontrar el máximo de $L_D(\alpha_1, \ldots, \alpha_4, \alpha_5)$ en H, podemos usar cualquier software computacional.

Resulta que, por $C = 2$, el valor máximo de L_D en H es 6 y ocurre en $(\alpha_1, \ldots, \alpha_4, \alpha_5) = (2, 2, 2, 1, 1)$.

$$\beta = \sum_{i=1}^{5}\alpha_i y_i x_i$$

$$\Rightarrow \beta = \begin{bmatrix} -2 \\ 0 \end{bmatrix}.$$

Por flojedad complementaria, tenemos que $\alpha_i(1 - \varepsilon_i - y_i(\beta_0 + \beta_1 x_{i1} + \beta_2 x_{i2})) = 0 \; \forall i = 1, \ldots, 5$ y $\mu_i \varepsilon_i = 0 \; \forall i$.

Porque $\alpha_4, \alpha_5 \ne C$ y $\alpha_i = C - \mu_i \; \forall i$, $\mu_4, \mu_5 \ne 0$. Entonces, $\varepsilon_4 = \varepsilon_5 = 0$ porque $\mu_i \varepsilon_i = 0 \; \forall i$.

Usando $\alpha_i(1 - \varepsilon_i - y_i(\beta_0 + \beta_1 x_{i1} + \beta_2 x_{i2})) = 0 \; \forall i$, podemos resolver para β_0 y los ε's. Obtenemos que $\beta_0 = 1, \varepsilon_1 = 0, \varepsilon_2 = 0, \varepsilon_3 = 2, \varepsilon_4 = 0, \varepsilon_5 = 0$.

La ecuación de nuestro hiperplano está dada por $\beta_0 + \beta_1 X_1 + \beta_2 X_2 = 0$.

Entonces obtenemos $1 - 2X_1 = 0$

$$\Rightarrow X_1 = \frac{1}{2}$$

Porque $\alpha_i > 0$ por cada $i = 1, \ldots, 5$, tenemos que cada x_i satisface $y_i(\beta_0 + \beta_1 x_{i1} + \beta_2 x_{i2}) = 1 - \varepsilon_i$. Entonces, x_1, x_2, x_3, x_4, x_5 son todos los vectores de soporte.

b) Por $C = 4$, L_D tiene un valor máximo absoluto de 10 y ocurre en $(\alpha_1, \ldots, \alpha_5) = (4, 2, 4, 2, 0)$.

$\beta = \begin{bmatrix} -2 \\ 0 \end{bmatrix}, \beta_0 = 1, \varepsilon_1 = 0, \varepsilon_2 = 0, \varepsilon_3 = 2, \varepsilon_4 = 0, \varepsilon_5 = 0$, y el hiperplano es $X_1 = \frac{1}{2}$, el mismo resultado que obtuvimos para $C = 2$.

c) Por $C = 1$, L_D tiene un valor máximo absoluto de $\frac{7}{2}$ y ocurren en $(\alpha_1, \dots, \alpha_5) = \left(1, 1, 1, \frac{1}{2}, \frac{1}{2}\right)$.

$\beta = \begin{bmatrix} -1 \\ 0 \end{bmatrix}, \beta_0 = 0, \varepsilon_1 = 1, \varepsilon_2 = 1, \varepsilon_3 = 1, \varepsilon_4 = 0, \varepsilon_5 = 0$, y el hiperplano es $X_1 = 0$.

8 – CLASIFICADOR DE MÁQUINAS DE VECTORES DE SOPORTE

CLASIFICADOR DE MÁQUINAS DE VECTORES DE SOPORTE (SVM)

Hasta ahora, hemos visto que podemos usar el clasificador de margen máximo para separar las dos clases de puntos de datos cuando son linealmente separables. También hemos visto que, incluso si los puntos de datos no son linealmente separables, aún podemos ajustar un hiperplano que separa la mayoría de los puntos pero que permite violaciones del margen. Hicimos esto usando el clasificador de vectores de soporte. Si los puntos de datos no son linealmente separables y parece que el límite de decisión que separa las dos clases no es lineal, Podemos usar lo que se llama una *máquina de vectores de soporte* , o *clasificador de máquina de vectores de soporte (SVM)*. La idea es considerar un espacio de funciones más grande con puntos de datos en este espacio más grande asociado con los puntos de datos originales y aplicar el clasificador de vectores de soporte a este nuevo conjunto de puntos de datos en el espacio de funciones más grande. Esto nos dará un límite de decisión lineal en el espacio de la característica ampliada, pero un límite de decisión no lineal en el espacio de la característica original.

AMPLIANDO EL ESPACIO DE CARACTERÍSTICAS

Vamos a hacer esto más preciso. Suponga que $(x_1, y_1), \ldots, (x_N, y_N)$ son nuestros puntos de datos de entrenamiento. Cada x_i es un vector de p dimensiones en $\mathbb{R}^p$. Así que nuestro espacio de características es $\mathbb{R}^p$. Lo que queremos hacer es ampliar el espacio de características $\mathbb{R}^p$ mapeando cada x en $\mathbb{R}^p$ a un vector en $\mathbb{R}^M$, un espacio más grande.

Deja que $h: \mathbb{R}^p \longrightarrow \mathbb{R}^M$ sea definido por

$h(x) = (h_1(x), h_2(x), \ldots, h_M(x))$ donde $h_i: \mathbb{R}^p \longrightarrow \mathbb{R}$ son algunas funciones.

El h_i se llaman funciones de base.

Ahora considera los puntos $h(x_1), h(x_2), \ldots, h(x_N)$ en el nuevo espacio de características $\mathbb{R}^M$. Utilizando los nuevos datos de entrenamiento $(h(x_1), y_1), \ldots, (h(x_N), y_N)$ en el nuevo espacio de características, podemos aplicar el clasificador de vectores de soporte y obtener un hiperplano en $\mathbb{R}^M$ que separa suavemente los puntos $h(x_1), \ldots, h(x_N)$.

Recuerde que, en el proceso de resolver el problema de optimización convexo para el clasificador de vectores de soporte, el Lagrangiano dual fue dado por

$$L_D(\alpha) = \sum_{i=1}^{N} \alpha_i - \frac{1}{2} \sum_{i=1}^{N} \sum_{j=1}^{N} \alpha_i \alpha_j y_i y_j x_i^T x_j$$

Ya que estamos usando $h(x_i)$ y $h(x_j)$ en vez de x_i y x_j, el doble lagrangiano se convierte en

$$L_D(\alpha) = \sum_{i=1}^{N} \alpha_i - \frac{1}{2}\sum_{i=1}^{N}\sum_{j=1}^{N} \alpha_i\alpha_j y_i y_j \big(h(x_i)\big)^T h(x_j)$$

$$= \sum_{i=1}^{N} \alpha_i - \frac{1}{2}\sum_{i=1}^{N}\sum_{j=1}^{N} \alpha_i\alpha_j y_i y_j \langle h(x_i), h(x_j)\rangle$$

Resolviendo el problema de optimización convexa con x_i's reemplazado por $h(x_i)$'s nos da

$\beta_j = \sum_{i=1}^{N} \alpha_i y_i \big(h(x_i)\big)_j$ por cada $j = 1, \ldots, M$

$\implies \beta = \sum_{i=1}^{N} \alpha_i y_i h(x_i)$

Si dejamos que $\hat{f}(z) = \beta_0^* + \beta_1^* z_1 + \cdots + \beta_M^* z_M$, donde $z = (z_1, \ldots, z_M)$ es arbitrario en $\mathbb{R}^M$ y $(\beta_0^*, \beta_1^*, \ldots, \beta_M^*)$ es la solución a nuestro problema de optimización, entonces $\hat{f}(z) = \langle z, \beta^*\rangle + \beta_0^*$.

Porque $\beta^* = \sum_{i=1}^{N} \alpha_i y_i h(x_i)$, $\hat{f}(z) = \sum_{i=1}^{N} \alpha_i y_i \langle z, h(x_i)\rangle + \beta_0^*$.

Entonces $\hat{f}(h(x)) = \sum_{i=1}^{N} \alpha_i y_i \langle h(x), h(x_i)\rangle + \beta_0^*$ por cualquier $x \in \mathbb{R}^p$.

Cualquier punto de prueba $x \in \mathbb{R}^p$ se puede clasificar según el signo de $\hat{f}(h(x))$. Entonces, para clasificar $x \in \mathbb{R}^p$, consideramos el punto asociado $h(x)$ en $\mathbb{R}^M$ y clasificamos $h(x)$ utilizando un límite de decisión lineal.

EL TRUCO DEL KERNEL

Si nos fijamos en la función de solución $\hat{f}(h(x)) = \sum_{i=1}^{N} \alpha_i y_i \langle h(x), h(x_i)\rangle + \beta_0^*$, el producto escalar $\langle h(x), h(x_i)\rangle$ es una instancia de $K(x, x') = \langle h(x), h(x')\rangle$, lo que se llama una ***función kernel***. Un kernel es esencialmente una función que se puede representar como el producto interno de las imágenes de los valores de entrada bajo alguna transformación h.

Para ciertas transformaciones h, la función kernel es computable eficientemente. Si tenemos que $K(x, x')$ expresado en términos de x y x', no necesitamos saber como parece h. Unos ejemplos de funciones kernel son kernels polinomiales $K(x, x') = (1 + \langle x, x'\rangle)^n$ y kernels radiales $K(x, x') = e^{-\gamma\|x-x'\|^2}$. Tenga en cuenta que podemos calcular estos kernels insertando valores para x y x', sin saber cuál es la transformación h.

Ahora, en lugar de construir una transformación h explícitamente, y haciendo el productor escalar $\langle h(x), h(x_i)\rangle$, podemos reemplazar los productos de puntos que aparecen en el Lagrangiano dual y la función de solución $\hat{f}$ con kernels como asi:

$$L_D(\alpha) = \sum_{i=1}^{N} \alpha_i - \frac{1}{2} \sum_{i=1}^{N} \sum_{j=1}^{N} \alpha_i \alpha_j y_i y_j K(x_i, x_j)$$

$$\hat{f}(x) = \sum_{i=1}^{N} \alpha_i y_i K(x, x_i) + \beta_0^* \text{ por cualquier } x \in \mathbb{R}^p.$$

Este reemplazo se llama el ***truco del kernel***.

Cualquier punto de prueba $x \in \mathbb{R}^p$ puede ser clasificada según el signo de $\hat{f}(x)$. Así es como la máquina de vectores de soporte clasifica puntos en $\mathbb{R}^p$. El kernel K es un ***kernel válido***. Es decir, debería haber una conexión de espacio de características h que corresponde a K. Por el teorema de Mercer, es suficiente que K sea simétrico positivo semidefinito.

En el método de máquina de vectores de soporte, el espacio de características ampliado podría ser de muy alta dimensión, incluso de dimensión infinita. Al trabajar directamente con los kernels, no tenemos que connectar las características h o el espacio de características ampliado.

CLASIFICADOR DE MÁQUINAS DE VECTORES DE SOPORTE EJEMPLO 1

Supongamos que tenemos los siguientes puntos de datos:

$$x_1 = (0,0), x_2 = (1,1), x_3 = (1,-1), x_4 = (1,0), x_5 = (2,0) \text{ con}$$

$$y_1 = 1, y_2 = 1, y_3 = 1, y_4 = -1, y_5 = -1.$$

a) Encuentra el límite de decisión SVM (con parámetro de ajuste $C = 4$) utilizando el kernel polinomial de segundo grado $K(x_i, x_j) = (1 + \langle x_i, x_j \rangle)^2$ e identificar cualquier vector de soporte.

b) Repita con $C = 8$.

c) Repita con $C = 2$.

Solución:

El doble lagrangiano está dado por

$$L_D(\alpha) = \sum_{i=1}^{5} \alpha_i - \frac{1}{2} \sum_{i=1}^{5} \sum_{j=1}^{5} \alpha_i \alpha_j y_i y_j K(x_i, x_j)$$

Entonces $L_D(\alpha) = (\alpha_1 + \cdots + \alpha_5) - \frac{1}{2}[\alpha_1^2 + 9\alpha_2^2 + 9\alpha_3^2 + 4\alpha_4^2 + 25\alpha_5^2 + 2(\alpha_1\alpha_2 + \alpha_1\alpha_3 + \alpha_2\alpha_3 - \alpha_1\alpha_4 - 4\alpha_2\alpha_4 - 4\alpha_3\alpha_4 - \alpha_1\alpha_5 - 9\alpha_2\alpha_5 - 9\alpha_3\alpha_5 + 9\alpha_4\alpha_5)]$

Queremos maximizar $L_D(\alpha)$ sujeto a las restricciones $0 \leq \alpha_i \leq C \ \forall i$ y $\alpha_1 y_1 + \cdots + \alpha_5 y_5 = 0$. Es decir, necesitamos $0 \leq \alpha_i \leq C \; \forall i$ y $\alpha_1 + \alpha_2 + \alpha_3 - \alpha_4 - \alpha_5 = 0$. Estas restricciones nos dan un plano de cinco dimensiones en el cuadro positivo $0 \leq \alpha_i \leq C \; \forall i$.

Deja que $H = \{(\alpha_1, \ldots, \alpha_5) \in \mathbb{R}^5 \mid 0 \leq \alpha_i \leq C \; \forall i$ y $\alpha_1 + \alpha_2 + \alpha_3 - \alpha_4 - \alpha_5 = 0\}$. Queremos maximizar $L_D(\alpha_1, \ldots, \alpha_5)$ en H. Para encontrar el máximo de $L_D(\alpha_1, \ldots, \alpha_5)$ en H, podemos usar cualquier software computacional.

Resulta que, por $C = 4$, el valor máximo de L_D en H es $\frac{8}{3}$ y ocurre en $(\alpha_1, \ldots, \alpha_5) = \left(\frac{2}{3}, 1, 1, \frac{8}{3}, 0\right)$.

Si $0 < \alpha_i < C \qquad \Longrightarrow \; \mu_i = C - \alpha_i > 0$ porque $\alpha_i < C$

$\qquad\qquad\qquad\quad \Longrightarrow \; \varepsilon_i = 0$ porque $\mu_i \varepsilon_i = 0$

Por flojedad complementaria, tenemos que

$\alpha_i \left[1 - \varepsilon_i - y_i \hat{f}(x_i)\right] = 0$ donde $\hat{f}(x) = \sum_{i=1}^{5} \alpha_i y_i K(x, x_i) + \beta_0^* \quad \forall x \in \mathbb{R}^2$

$\Longrightarrow \; \alpha_i \left[1 - y_i \hat{f}(x_i)\right] = 0 \;$ porque $\varepsilon_i = 0$ por $0 < \alpha_i < C$

$\Longrightarrow \; 1 - y_i \hat{f}(x_i) = 0 \;$ porque $\alpha_i > 0$

$\Longrightarrow \; y_i \hat{f}(x_i) = 1$

Esta ecuación nos permitirá encontrar β_0^*.

Por $C = 4, 0 < \alpha_1 < C \quad \Longrightarrow \; y_1 \hat{f}(x_1) = 1$

$\qquad\qquad\qquad\qquad\quad \Longrightarrow \; \hat{f}(x_1) = 1$

$\qquad\qquad\qquad\qquad\quad \Longrightarrow \; \sum_{i=1}^{5} \alpha_i y_i K(x_1, x_i) + \beta_0^* = 1$

$\qquad\qquad\qquad\qquad\quad \Longrightarrow \; \frac{2}{3} K(x_1, x_1) + K(x_1, x_2) + K(x_1, x_3) - \frac{8}{3} K(x_1, x_4) - 0 \cdot K(x_1, x_5) + \beta_0^* = 1$

$\qquad\qquad\qquad\qquad\quad \Longrightarrow \; \frac{2}{3} + 1 + 1 - \frac{8}{3} + \beta_0^* = 1$

$\qquad\qquad\qquad\qquad\quad \Longrightarrow \; \beta_0^* = 1$

Entonces $\hat{f}(x) = \frac{2}{3} K(x, x_1) + K(x, x_2) + K(x, x_3) - \frac{8}{3} K(x, x_4) + 1$

$\qquad = \frac{2}{3} + (1 + X_1 + X_2)^2 + (1 + X_1 - X_2)^2 - \frac{8}{3}(1 + X_1)^2 + 1$

$\qquad = \frac{1}{3}(3 - 4X_1 - 2X_1^2 + 6X_2^2)$

Los puntos se clasifican según el signo de $\hat{f}(x)$. Configurando $\hat{f}(x) = 0$ nos da una curva en el plano.

$$\hat{f}(x) = 0 \quad \Rightarrow \quad 3 - 4X_1 - 2X_1^2 + 6X_2^2 = 0$$

Esto nos da una hipérbola en el plano.

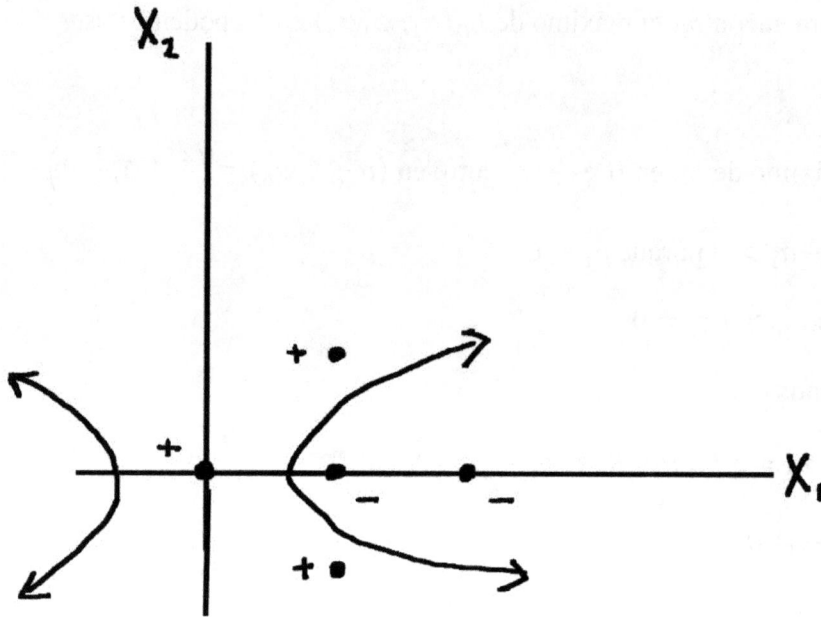

Porque $\alpha_i > 0$ por cada $i = 1, \ldots, 4$, tenemos que $y_i \hat{f}(x_i) = 1 - \varepsilon_i$ por cada $i = 1, \ldots, 4$. Entonces, $x_1, \ldots, x_4$ son vectores de soporte.

b) Si $C = 8$, L_D tiene un valor máximo de $\frac{8}{3}$ y ocurre en $(\alpha_1, \ldots, \alpha_5) = \left(\frac{2}{3}, 1, 1, \frac{8}{3}, 0 \right)$, el mismo resultado que obtuvimos para $C = 4$. El límite de decisión es la misma hipérbola que tenemos para $C = 4$.

c) Si $C = 2$, L_D tiene un valor máximo de $\frac{5}{2}$ y ocurre en $(\alpha_1, \ldots, \alpha_5) = \left(\frac{1}{2}, \frac{3}{4}, \frac{3}{4}, 2, 0 \right)$.

$$\text{Por } C = 2, 0 < \alpha_1 < C \quad \Rightarrow \quad y_1 \hat{f}(x_1) = 1$$

$$\Rightarrow \quad \hat{f}(x_1) = 1$$

$$\Rightarrow \quad \sum_{i=1}^{5} \alpha_i y_i K(x_1, x_i) + \beta_0^* = 1$$

$$\Rightarrow \quad \frac{1}{2} K(x_1, x_1) + \frac{3}{4} K(x_1, x_2) + \frac{3}{4} K(x_1, x_3) - 2K(x_1, x_4) + \beta_0^* = 1$$

$$\Rightarrow \quad \frac{1}{2} + \frac{3}{4} + \frac{3}{4} - 2 + \beta_0^* = 1$$

$$\Rightarrow \quad \beta_0^* = 1$$

Entonces $\hat{f}(x) = \frac{1}{2} + \frac{3}{4}(1 + X_1 + X_2)^2 + \frac{3}{4}(1 + X_1 - X_2)^2 - 2(1 + X_1)^2 + 1$

$$= \frac{1}{2}(2 - 2X_1 - X_1^2 + 3X_2^2)$$

Poniendo $\hat{f}(x) = 0 \implies 2 - 2X_1 - X_1^2 + 3X_2^2 = 0$

Esto nos da una hipérbola en el plano.

Porque $\alpha_i > 0$ por cada $i = 1, \dots, 4$, $x_1, \dots, x_4$ son vectores de soporte.

CLASIFICADOR DE MÁQUINAS DE VECTORES DE SOPORTE EJEMPLO 1

Supongamos que tenemos los siguientes puntos de datos:

$x_1 = (0,0), x_2 = (1,1), x_3 = (1,-1), x_4 = (1,0), x_5 = (2,0)$ con

$y_1 = 1, y_2 = 1, y_3 = 1, y_4 = -1, y_5 = -1.$

a) Encuentra el límite de decisión SVM (con parámetro de ajuste $C = 4$) usando el kernel radial

$K(x_i, x_j) = e^{-\|x_i - x_j\|^2}$ e identificar cualquier vector de soporte.

b) Repita con $C = 8$.

c) Repita con $C = 2$.

Solución:

El doble lagrangiano está dado por

$$L_D(\alpha) = \sum_{i=1}^{5} \alpha_i - \frac{1}{2}\sum_{i=1}^{5}\sum_{j=1}^{5} \alpha_i \alpha_j y_i y_j K(x_i, x_j)$$

Entonces $L_D(\alpha) = (\alpha_1 + \dots + \alpha_5) - \frac{1}{2}[\alpha_1^2 + \alpha_2^2 + \alpha_3^2 + \alpha_4^2 + \alpha_5^2 + 2(e^{-2}\alpha_1\alpha_2 + e^{-2}\alpha_1\alpha_3 - e^{-1}\alpha_1\alpha_4 - e^{-4}\alpha_1\alpha_5 + e^{-4}\alpha_2\alpha_3 - e^{-1}\alpha_2\alpha_4 - e^{-2}\alpha_2\alpha_5 - e^{-1}\alpha_3\alpha_4 - e^{-2}\alpha_3\alpha_5 + e^{-1}\alpha_4\alpha_5)]$

Queremos maximizar $L_D(\alpha)$ sujeto a las restricciones $0 \le \alpha_i \le C \, \forall i$ y $\alpha_1 y_1 + \dots + \alpha_5 y_5 = 0$. Es decir, necesitamos $0 \le \alpha_i \le C \, \forall i$ y $\alpha_1 + \alpha_2 + \alpha_3 - \alpha_4 - \alpha_5 = 0$. Estas restricciones nos dan un plano de cinco dimensiones en el cuadro positivo $0 \le \alpha_i \le C \, \forall i$.

Deja que $H = \{(\alpha_1, \dots, \alpha_5) \in \mathbb{R}^5 | 0 \le \alpha_i \le C \, \forall i$ y $\alpha_1 + \alpha_2 + \alpha_3 - \alpha_4 - \alpha_5 = 0\}$. Queremos maximizar $L_D(\alpha_1, \dots, \alpha_5)$ en H. Para encontrar el máximo de $L_D(\alpha_1, \dots, \alpha_5)$ en H, podemos usar cualquier software computacional.

Resulta que, por $C = 4$, el valor máximo de L_D en H es 3.6 y ocurre en
$(\alpha_1, \dots, \alpha_5) = (0.989, 1.3, 1.3, 2.55, 1.048).$

Por $C = 4, 0 < \alpha_1 < C \quad \Rightarrow \quad y_1 \hat{f}(x_1) = 1$

$$\Rightarrow \quad \hat{f}(x_1) = 1$$

$$\Rightarrow \quad \sum_{i=1}^{5} \alpha_i y_i K(x_1, x_i) + \beta_0^* = 1$$

$$\Rightarrow \quad 0.989 + 1.3e^{-2} + 1.3e^{-2} - 2.55e^{-1} - 1.048e^{-4} + \beta_0^* = 1$$

$$\Rightarrow \quad \beta_0^* = 0.616$$

Entonce $\hat{f}(x) = 0.989e^{-\|x-x_1\|^2} + 1.3e^{-\|x-x_2\|^2} + 1.3e^{-\|x-x_3\|^2} - 2.55e^{-\|x-x_4\|^2} - 1.048e^{-\|x-x_5\|^2} + 0.616$

$$= 0.989e^{-[X_1^2 + X_2^2]} + 1.3e^{-[(X_1-1)^2 + (X_2-1)^2]} + 1.3e^{-[(X_1-1)^2 + (X_2+1)^2]} - 2.55e^{-[(X_1-1)^2 + X_2^2]} - 1.048e^{-[(X_1-2)^2 + X_2^2]} + 0.616$$

Configurando $\hat{f}(x) = 0$ nos da una curva en el plano.

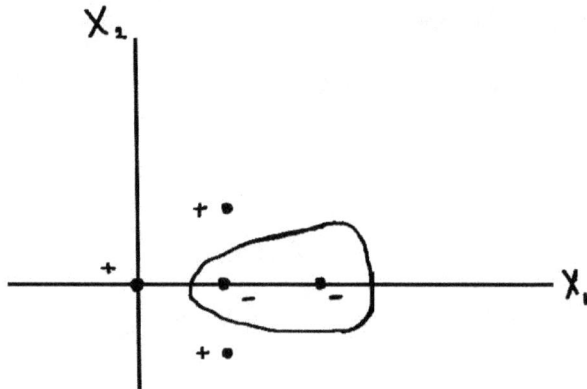

$\hat{f}(x) > 0$ corresponde a fuera del circulo.

$\hat{f}(x) < 0$ corresponde al interior del circulo.

Entonces $\alpha_i > 0$ por $i = 1, \dots, 5$, cada x_i es un vector de soporte.

b) Si $C = 8$, L_D tiene un valor máximo de 3.6 y ocurre en $(\alpha_1, \dots, \alpha_5) = (0.989, 1.3, 1.3, 2.55, 1.048)$, el mismo resultado que obtuvimos para $C = 4$. El límite de decisión es el mismo bucle que obtuvimos para $C = 4$.

c) Por $C = 2$, L_D tiene un valor máximo de 3.51 y ocurre en $(\alpha_1, \dots, \alpha_5) = (0.849, 1.168, 1.168, 2, 1.187)$.

Por $C = 2, 0 < \alpha_1 < C \quad \Rightarrow \quad y_1 \hat{f}(x_1) = 1$

$$\Rightarrow \quad \hat{f}(x_1) = 1$$

$$\Rightarrow \quad \sum_{i=1}^{5} \alpha_i y_i K(x_1, x_i) + \beta_0^* = 1$$

$$\Rightarrow 0.849 + 1.168e^{-2} + 1.168e^{-2} - 2e^{-1} - 1.187e^{-4} + \beta_0^* = 1$$

$$\Rightarrow \beta_0^* = 0.59$$

Entonces

$$\hat{f}(x) = 0.849e^{-\|x-x_1\|^2} + 1.168e^{-\|x-x_2\|^2} + 1.168e^{-\|x-x_3\|^2} - 2e^{-\|x-x_4\|^2} - 1.187e^{-\|x-x_5\|^2} + 0.59$$

$$= 0.849e^{-[X_1^2+X_2^2]} + 1.168e^{-[(X_1-1)^2+(X_2-1)^2]} + 1.168e^{-[(X_1-1)^2+(X_2+1)^2]} - 2e^{-[(X_1-1)^2+X_2^2]} -$$
$$1.187e^{-[(X_1-2)^2+X_2^2]} + 0.59$$

Configurando $\hat{f}(x) = 0$ nos da una curva en el plano. Es un circulo muy similar al de $C = 4$.

Porque $\alpha_i > 0$ por $i = 1, \dots, 5$, cada x_i es un vector de soporte.

RESUMEN: CLASIFICADOR DE MÁQUINAS DE VECTORES DE SOPORTE

- Si los x_i's de nuestros datos no son linealmente separables y el límite de decisión parece ser no lineal, podemos encontrar un límite de decisión no lineal utilizando la máquina de vectores de soporte.

- Incrustamos los puntos de datos en un espacio de características más grande y aplicamos el clasificador de vectores de soporte a este nuevo conjunto de puntos de datos para obtener un límite de decisión lineal en el espacio más grande.

- Los productos escalar que ocurren en el doble lagrangiano y la función de solución $\hat{f}$ son reemplazados por un kernel K. Esto se llama el truco del kernel.

- Al trabajar directamente con los kernels, podemos aprovechar un espacio de características ampliado que es muy dimensional, quizás incluso infinito, sin tener que explícitamente conectar las características h o el espacio de características más grande.

EJERCICIOS: CLASIFICADOR DE MÁQUINAS DE VECTORES DE SOPORTE

1. Supongamos que tenemos los siguientes puntos de datos:

   $x_1 = (0,0), x_2 = (2,0), x_3 = (1,0), x_4 = (1,1), x_5 = (1,-1)$ con

   $y_1 = -1, y_2 = -1, y_3 = 1, y_4 = 1, y_5 = 1$.

   a) Encuentra el límite de decisión SVM (con parámetro de ajuste C=4) utilizando el kernel polinomial de segundo grado $K(x_i, x_j) = (1 + \langle x_i, x_j \rangle)^2$ e identifique cualquier vector de soporte.

   b) Repita con C=8.

   c) Repita con C=2.

2. Supongamos que tenemos los siguientes puntos de datos:

   $x_1 = (0,0), x_2 = (2,0), x_3 = (1,0), x_4 = (1,1), x_5 = (1,-1)$ con

   $y_1 = -1, y_2 = -1, y_3 = 1, y_4 = 1, y_5 = 1$.

   a) Encuentra el límite de decisión SVM (con parámetro de ajuste C=2) utilizando el kernel radial $K(x_i, x_j) = e^{-\|x_i - x_j\|^2}$ e identifique cualquier vector de soporte.

   b) Repita con C=4.

   c) Repita con C=1.

SOLUCIONES: CLASIFICADOR DE MÁQUINAS DE VECTORES DE SOPORTE

1. a) El doble lagrangiano está dado por

$$L_D(\alpha) = \sum_{i=1}^{5} \alpha_i - \frac{1}{2} \sum_{i=1}^{5} \sum_{j=1}^{5} \alpha_i \alpha_j y_i y_j K(x_i, x_j)$$

Entonces $L_D(\alpha) = (\alpha_1 + \cdots + \alpha_5) - \frac{1}{2}[\alpha_1^2 + 25\alpha_2^2 + 4\alpha_3^2 + 9\alpha_4^2 + 9\alpha_5^2 + 2(\alpha_1\alpha_2 - \alpha_1\alpha_3 - \alpha_1\alpha_4 - \alpha_1\alpha_5 - 9\alpha_2\alpha_3 - 9\alpha_2\alpha_4 - 9\alpha_2\alpha_5 + 4\alpha_3\alpha_4 + 4\alpha_3\alpha_5 + \alpha_4\alpha_5)]$

Queremos maximizar $L_D(\alpha)$ sujeto a las restricciones $0 \le \alpha_i \le C \ \forall i$ y $\alpha_1 y_1 + \cdots + \alpha_5 y_5 = 0$. Eso es, necesitamos $0 \le \alpha_i \le C \ \forall i$ y $-\alpha_1 - \alpha_2 + \alpha_3 + \alpha_4 + \alpha_5 = 0$. Estas restricciones nos dan un plano de cinco dimensiones en el cuadro positivo $0 \le \alpha_i \le C \ \forall i$.

Deja que $H = \{(\alpha_1, \dots, \alpha_5) \in \mathbb{R}^5 | 0 \le \alpha_i \le C \ \forall i$ y $-\alpha_1 - \alpha_2 + \alpha_3 + \alpha_4 + \alpha_5 = 0\}$. Queremos maximizar $L_D(\alpha_1, \dots, \alpha_5)$ en H. Para encontrar el máximo de $L_D(\alpha_1, \dots, \alpha_5)$ en H, podemos utilizar cualquier software computacional.

Resulta que, por $C = 4$, el valor máximo de L_D en H es $\frac{11}{2}$ y ocurre en $(\alpha_1, \dots, \alpha_5) = \left(3, \frac{3}{2}, 4, \frac{1}{4}, \frac{1}{4}\right)$.

Por $C = 4, 0 < \alpha_1 < C \implies y_1 \hat{f}(x_1) = 1$

$$\implies \hat{f}(x_1) = -1$$

$$\implies \sum_{i=1}^{5} \alpha_i y_i K(x_1, x_i) + \beta_0^* = -1$$

$$\implies -3K(x_1, x_1) - \frac{3}{2}K(x_1, x_2) + 4K(x_1, x_3) + \frac{1}{4}K(x_1, x_4) + \frac{1}{4}K(x_1, x_5) + \beta_0^* = -1$$

$$\implies -3 - \frac{3}{2} + 4 + \frac{1}{4} + \frac{1}{4} + \beta_0^* = -1$$

$$\implies \beta_0^* = -1$$

Entonces $\hat{f}(x) = -3K(x, x_1) - \frac{3}{2}K(x, x_2) + 4K(x, x_3) + \frac{1}{4}K(x, x_4) + \frac{1}{4}K(x, x_5) - 1$

$$= -3 - \frac{3}{2}(1 + 2X_1)^2 + 4(1 + X_1)^2 + \frac{1}{4}(1 + X_1 + X_2)^2 + \frac{1}{4}(1 + X_1 - X_2)^2 - 1$$

$$= \frac{1}{2}(-2 + 6X_1 - 3X_1^2 + X_2^2)$$

Los puntos se clasifican según el signo de $\hat{f}(x)$. Configurando $\hat{f}(x) = 0$ Nos da una curva en el plano.

$$\hat{f}(x) = 0 \implies -2 + 6X_1 - 3X_1^2 + X_2^2 = 0$$

Esto nos da una hipérbola en el plano.

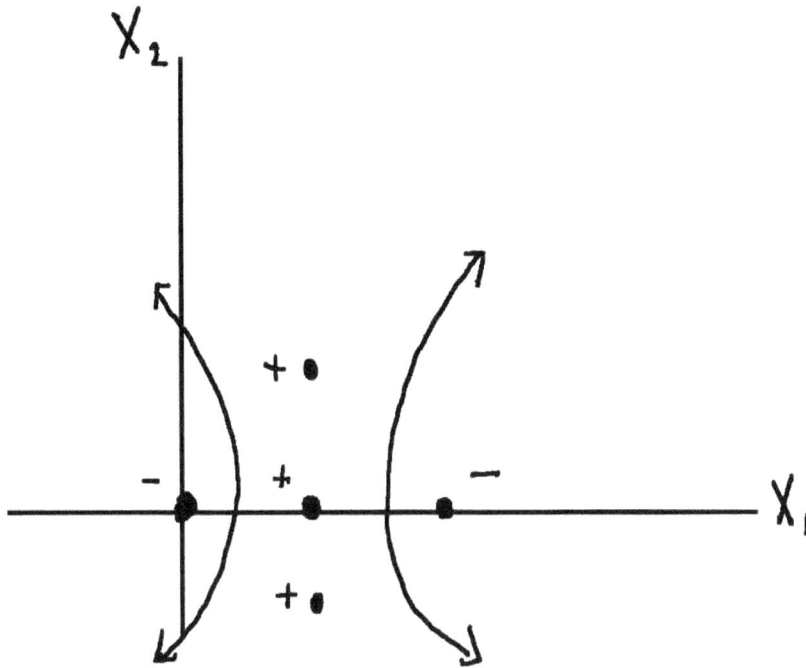

Porque $\alpha_i > 0$ por cada $i = 1, \ldots, 5$, tenemos que $x_1, \ldots, x_5$ son vectores de soporte.

b) Por $C = 8$, L_D tiene un valor máximo de 6 y se produce en $(\alpha_1, \ldots, \alpha_5) = (4,2,6,0,0)$.

Por $C = 8$, $0 < \alpha_1 < C \implies y_1 \hat{f}(x_1) = 1$

$$\implies \hat{f}(x_1) = -1$$

$$\implies \sum_{i=1}^{5} \alpha_i y_i K(x_1, x_i) + \beta_0^* = -1$$

$$\implies -4K(x_1,x_1) - 2K(x_1,x_2) + 6K(x_1,x_3) + 0K(x_1,x_4) + 0K(x_1,x_5) + \beta_0^* = -1$$

$$\implies -4 - 2 + 6 + 0 + 0 + \beta_0^* = -1$$

$$\implies \beta_0^* = -1$$

Entonces $\hat{f}(x) = -4 - 2(1 + 2X_1)^2 + 6(1 + X_1)^2 - 1$

$$= -1 + 4X_1 - 2X_1^2$$

Poniendo $\hat{f}(x) = 0 \implies -1 + 4X_1 - 2X_1^2 = 0$

Esto nos da dos líneas verticales en el plano.

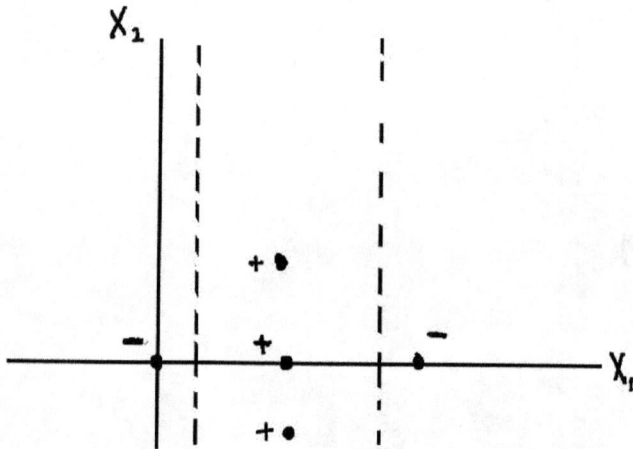

Porque $\alpha_i > 0$ por cada $i = 1, 2, 3$, tenemos que x_1, x_2, x_3 son vectores de soporte. Entonces x_4 y x_5 satisfacen $y_i \hat{f}(x_i) = 1 - \varepsilon_i$, x_4 y x_5 también son vectores de soporte.

c) Por $C = 2$, L_D tiene un valor máximo de 4 y se produce en $(\alpha_1, \dots, \alpha_5) = \left(2, 1, 2, \frac{1}{2}, \frac{1}{2}\right)$.

$$\text{Por } C = 2, 0 < \alpha_2 < C \quad \Longrightarrow \quad y_2 \hat{f}(x_2) = 1$$

$$\Longrightarrow \quad \hat{f}(x_2) = -1$$

$$\Longrightarrow \quad \sum_{i=1}^{5} \alpha_i y_i K(x_2, x_i) + \beta_0^* = -1$$

$$\Longrightarrow \quad -2K(x_2, x_1) - K(x_2, x_2) + 2K(x_2, x_3) + \frac{1}{2}K(x_2, x_4) + \frac{1}{2}K(x_2, x_5) + \beta_0^* = -1$$

$$\Longrightarrow \quad -2 - 25 + 2 \cdot 9 + \frac{1}{2} \cdot 9 + \frac{1}{2} \cdot 9 + \beta_0^* = -1$$

$$\Longrightarrow \quad \beta_0^* = -1$$

Entonces $\hat{f}(x) = -2 - (1 + 2X_1)^2 + 2(1 + X_1)^2 + \frac{1}{2}(1 + X_1 + X_2)^2 + \frac{1}{2}(1 + X_1 - X_2)^2 - 1$

$$= -1 + 2X_1 - X_1^2 + X_2^2$$

Poniendo $\hat{f}(x) = 0 \quad \Longrightarrow \quad -1 + 2X_1 - X_1^2 + X_2^2 = 0$

Esto nos da dos líneas en el plano, $X_2 = X_1 - 1$ y $X_2 = -X_1 + 1$.

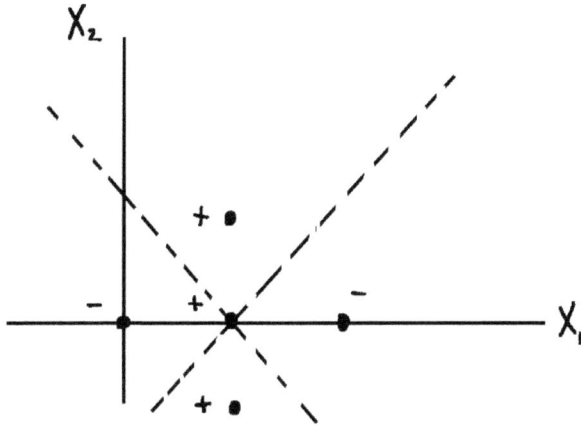

Porque $\alpha_i > 0$ por cada $i = 1, \ldots, 5$, $x_1, \ldots, x_5$ son todos los vectores de soporte.

2. a) El doble lagrangiano está dado por

$$L_D(\alpha) = \sum_{i=1}^{5} \alpha_i - \frac{1}{2} \sum_{i=1}^{5} \sum_{j=1}^{5} \alpha_i \alpha_j y_i y_j K(x_i, x_j)$$

Entonces $L_D(\alpha) = (\alpha_1 + \cdots + \alpha_5) - \frac{1}{2}[\alpha_1^2 + \alpha_2^2 + \alpha_3^2 + \alpha_4^2 + \alpha_5^2 + 2(e^{-4}\alpha_1\alpha_2 - e^{-1}\alpha_1\alpha_3 - e^{-2}\alpha_1\alpha_4 - e^{-2}\alpha_1\alpha_5 - e^{-1}\alpha_2\alpha_3 - e^{-2}\alpha_2\alpha_4 - e^{-2}\alpha_2\alpha_5 + e^{-1}\alpha_3\alpha_4 + e^{-1}\alpha_3\alpha_5 + e^{-4}\alpha_4\alpha_5)]$

Queremos maximizar $L_D(\alpha)$ sujeto a las restricciones $0 \le \alpha_i \le C$ $\forall i$ y $\alpha_1 y_1 + \cdots + \alpha_5 y_5 = 0$. Eso es, queremos $0 \le \alpha_i \le C$ $\forall i$ y $-\alpha_1 - \alpha_2 + \alpha_3 + \alpha_4 + \alpha_5 = 0$. Estas restricciones nos dan un plano de cinco dimensiones en el cuadro positivo $0 \le \alpha_i \le C$ $\forall i$.

Deja que $H = \{(\alpha_1, \ldots, \alpha_5) \in \mathbb{R}^5 | 0 \le \alpha_i \le C$ $\forall i$ y $-\alpha_1 - \alpha_2 + \alpha_3 + \alpha_4 + \alpha_5 = 0\}$. Queremos maximizar $L_D(\alpha_1, \ldots, \alpha_5)$ en H. Para encontrar el máximo de $L_D(\alpha_1, \ldots, \alpha_5)$ en H, podemos usar cualquier software computacional.

Resulta que, por $C = 2$, el valor máximo de L_D en H es 3.52 y ocurre en $(\alpha_1, \ldots, \alpha_5) = (1.76, 1.76, 1.7, 0.91, 0.91)$.

Por $C = 2$, $0 < \alpha_1 < C$ $\implies y_1\hat{f}(x_1) = 1$

$\implies \hat{f}(x_1) = -1$

$\implies \sum_{i=1}^{5} \alpha_i y_i K(x_1, x_i) + \beta_0^* = -1$

$\implies -1.76 - 1.76e^{-4} + 1.7e^{-1} + 0.91e^{-2} + 0.91e^{-2} + \beta_0^* = -1$

$\implies \beta_0^* = -0.077$

Entonces

$$\hat{f}(x) = -1.76e^{-\|x-x_1\|^2} - 1.76e^{-\|x-x_2\|^2} + 1.7e^{-\|x-x_3\|^2} + 0.91e^{-\|x-x_4\|^2} + 0.91e^{-\|x-x_5\|^2} - 0.077$$

$$= -1.76e^{-[X_1^2+X_2^2]} - 1.76e^{-[(X_1-2)^2+X_2^2]} + 1.7e^{-[(X_1-1)^2+X_2^2]} + 0.91e^{-[(X_1-1)^2+(X_2-1)^2]} +$$
$$0.91e^{-[(X_1-1)^2+(X_2+1)^2]} - 0.077$$

Poniendo $\hat{f}(x) = 0$ nos da una curva en el plano

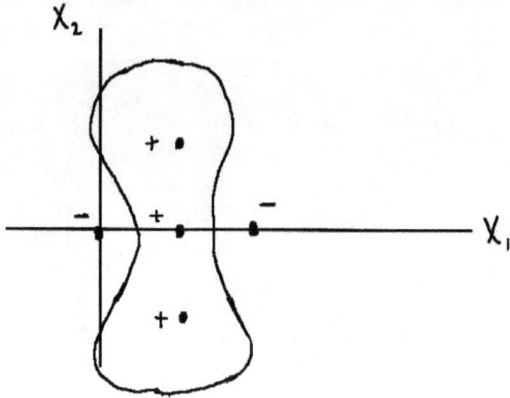

$\hat{f}(x) > 0$ corresponde adentro de la figura.

$\hat{f}(x) < 0$ corresponde afuera de la figura.

Porque $\alpha_i > 0$ por cada $i = 1, \ldots, 5$, cada x_i es un vector de soporte.

b) Si $C = 4$, L_D tiene un valor máximo de 3.52 y ocurre en $(\alpha_1, \ldots, \alpha_5) = (1.76, 1.76, 1.7, 0.91, 0.91)$, el mismo resultado que obtuvimos para $C = 2$. El límite de decisión es el mismo que la de la figura que tenemos para $C = 2$.

c) Por $C = 1$, L_D tiene un valor máximo de 2.86 y ocurre en $(\alpha_1, \ldots, \alpha_5) = (1, 1, 0.96, 0.51, 0.51)$.

Por $C = 1, 0 < \alpha_3 < C \implies y_3\hat{f}(x_3) = 1$

$$\implies \hat{f}(x_3) = 1$$

$$\implies \sum_{i=1}^{5} \alpha_i y_i K(x_3, x_i) + \beta_0^* = 1$$

$$\implies -e^{-1} - e^{-1} + 0.96 + 0.51e^{-1} + 0.51e^{-1} + \beta_0^* = 1$$

$$\implies \beta_0^* = 0.388$$

Entonces $\hat{f}(x) = -e^{-\|x-x_1\|^2} - e^{-\|x-x_2\|^2} + 0.96e^{-\|x-x_3\|^2} + 0.51e^{-\|x-x_4\|^2} + 0.51e^{-\|x-x_5\|^2} + 0.388$

$$= -e^{-[X_1^2+X_2^2]} - e^{-[(X_1-2)^2+X_2^2]} + 0.96e^{-[(X_1-1)^2+X_2^2]} + 0.51e^{-[(X_1-1)^2+(X_2-1)^2]} +$$
$$0.51e^{-[(X_1-1)^2+(X_2+1)^2]} + 0.388$$

Poniendo $\hat{f}(x) = 0$ nos da dos circulos en el plano.

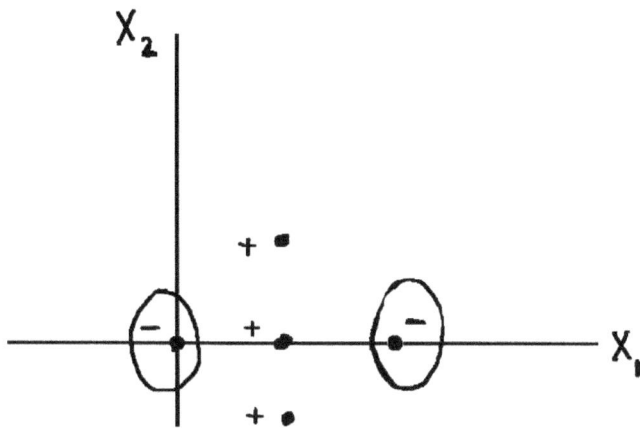

$\hat{f}(x) > 0$ corresponde a la región adentro de los circulos.

$\hat{f}(x) < 0$ corresponde a la región afuera de los circulos.

Porque $\alpha_i > 0$ por cada $i = 1, ...,5$, cada x_i es un vector de soporte.

CONCLUSIÓN

Felicitaciones por completar el libro Matemáticas del Aprendizaje Automático! Aquí hay una resumen de lo que hemos cubierto en este curso:

- **Regresión Lineal**

- **Análisis Discriminante Lineal**

- **Regresión Logística**

- **Redes Neuronales Artificiales**

- **Máquinas de Vectores de Soporte**

Espero que este libro le haya sido útil, y le deseo lo mejor en su carrera y en sus futuros esfuerzos. Si siente que se ha beneficiado de este curso, realmente lo agradecería si escribiera una breve evaluación del libro.

Asegúrese de obtener el curso en línea complementario Matemáticas del Aprendizaje Automático y otros cursos en línea aquí: www.onlinemathtraining.com.

Gracias!

Richard Han

APÉNDICE 1

Teorema: La distancia perpendicular entre x_i y el hiperplano separador $\beta_0 + \beta_1 X_1 + \cdots + \beta_p X_p = 0$ es dado por $\frac{1}{\|\beta\|} y_i (\beta_0 + \beta_1 x_{i1} + \cdots + \beta_p x_{ip})$.

Demonstracion: El hiperplano $\beta_0 + \beta_1 X_1 + \cdots + \beta_p X_p = 0$ se puede reescribir como $\beta_1 X_1 + \cdots + \beta_p X_p = -\beta_0$. Así que el vector normal es $\boldsymbol{n} = \frac{1}{\|\beta\|}(\beta_1, \ldots, \beta_p)$.

Deja que L denota el hiperplano. Deja que x_0 sea el vector donde L y la línea normal cruzan. Deja que x sea un punto arbitrario.

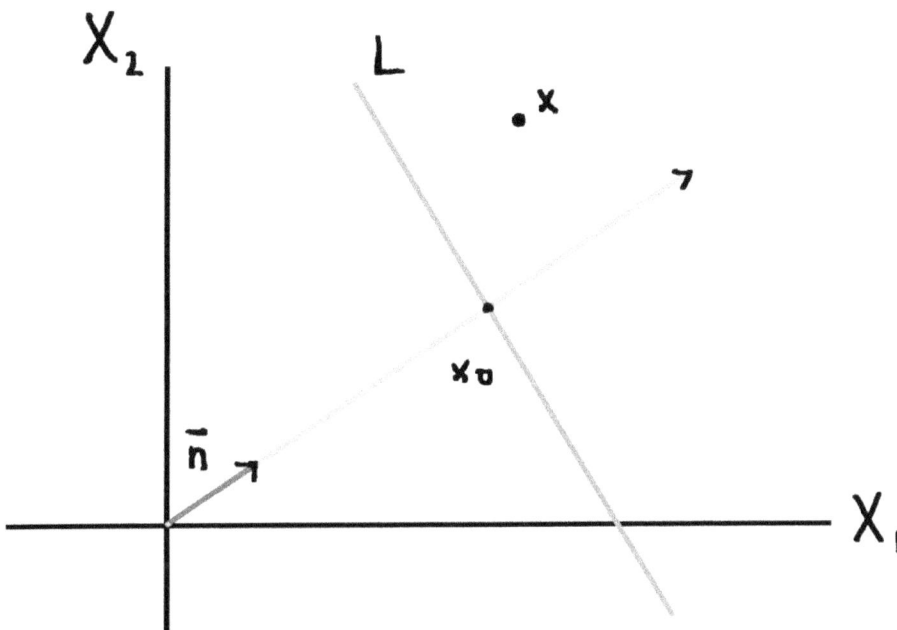

Deja que $\boldsymbol{z} = x - x_0$ y deja que $\boldsymbol{u}$ sea la proyección ortogonal de x en L. Deja que $\boldsymbol{v} = \boldsymbol{z} - \boldsymbol{u}$.

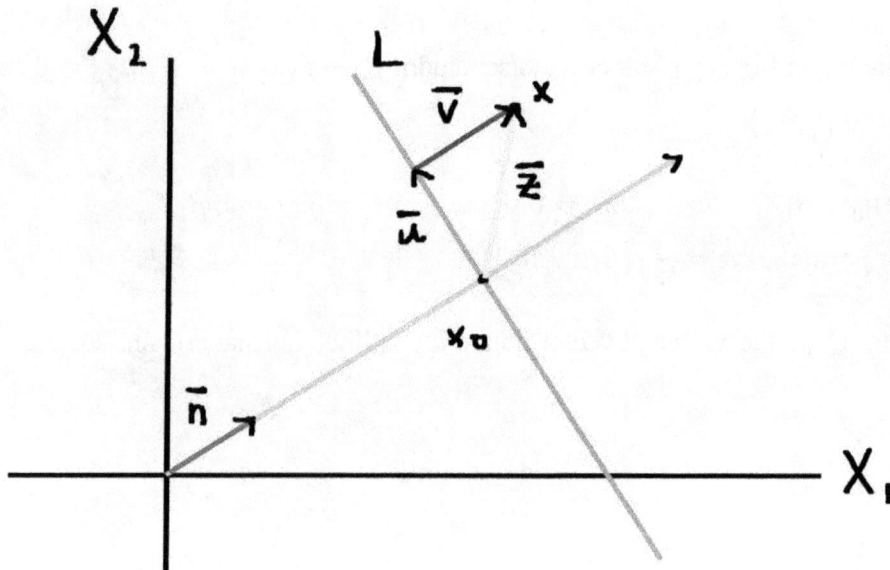

Toma en cuenta que $n \cdot u = 0$.

$\Rightarrow n \cdot (z - v) = 0$

$\Rightarrow n \cdot (x - x_0 - v) = 0$

$\Rightarrow n \cdot (x - x_0 - kn) = 0$ porque $v = kn$ para algún escalar k.

$\Rightarrow n \cdot (x - x_0) - kn \cdot n = 0$

$\Rightarrow n \cdot (x - x_0) - k = 0$

$\Rightarrow k = n \cdot (x - x_0)$

La distancia entre x y L es $\|v\| = |k|\|n\| = |k|$.

Entonces $\|v\| = |k| = |n \cdot (x - x_0)|$

$\qquad = |n \cdot x - n \cdot x_0|$

$\qquad = \left| n \cdot x - \left(-\frac{\beta_0}{\|\beta\|} \right) \right|$ porque x_0 está en L $\Rightarrow \beta_0 + \beta_1 x_{01} + \cdots + \beta_p x_{0p} = 0$

$\qquad\qquad\qquad\qquad\qquad\qquad\qquad\qquad \Rightarrow \beta_0 + \|\beta\|n \cdot x_0 = 0$

$\qquad\qquad\qquad\qquad\qquad\qquad\qquad\qquad \Rightarrow n \cdot x_0 = -\frac{\beta_0}{\|\beta\|}$

$\qquad = \left| n \cdot x + \left(\frac{\beta_0}{\|\beta\|} \right) \right|$

Entonces, la distancia perpendicular entre x_i y el hiperplano $\beta_0 + \beta_1 X_1 + \cdots + \beta_p X_p = 0$ es dado por

$$\left| \boldsymbol{n} \cdot x_i + \left(\frac{\beta_0}{\|\beta\|} \right) \right| = \left| \frac{1}{\|\beta\|} \left(\beta_1 x_{i1} + \cdots + \beta_p x_{ip} \right) + \frac{\beta_0}{\|\beta\|} \right|$$

$$= \left| \frac{\beta_0 + \beta_1 x_{i1} + \cdots + \beta_p x_{ip}}{\|\beta\|} \right|$$

$$= \frac{1}{\|\beta\|} \left| \beta_0 + \beta_1 x_{i1} + \cdots + \beta_p x_{ip} \right|$$

$$= \frac{1}{\|\beta\|} \begin{cases} \beta_0 + \beta_1 x_{i1} + \cdots + \beta_p x_{ip}, & si + \beta_1 x_{i1} + \cdots + \beta_p x_{ip} > 0 \\ -(\beta_0 + \beta_1 x_{i1} + \cdots + \beta_p x_{ip}), & si\ \beta_0 + \beta_1 x_{i1} + \cdots + \beta_p x_{ip} < 0 \end{cases}$$

$$= \frac{1}{\|\beta\|} \begin{cases} \beta_0 + \beta_1 x_{i1} + \cdots + \beta_p x_{ip}, & si\ y_i = 1 \\ -(\beta_0 + \beta_1 x_{i1} + \cdots + \beta_p x_{ip}), & si\ y_i = -1 \end{cases}$$

$$= \frac{1}{\|\beta\|} y_i (\beta_0 + \beta_1 x_{i1} + \cdots + \beta_p x_{ip})$$

Así que, la distancia perpendicular entre x_i y el hiperplano separado $\beta_0 + \beta_1 X_1 + \cdots + \beta_p X_p = 0$ es dado por $\frac{1}{\|\beta\|} y_i (\beta_0 + \beta_1 x_{i1} + \cdots + \beta_p x_{ip})$.

APÉNDICE 2

Teorema: Para cualquier escalar positivo k, $M_{k\beta_0,k\beta} = M_{\beta_0,\beta}$.

Demonstracion: $M_{k\beta_0,k\beta} = min\left\{\frac{1}{k\|\beta\|}y_i\left(k\beta_0 + k\beta_1 x_{i1} + \cdots + k\beta_p x_{ip}\right)|i = 1, \dots, N\right\}$

$= min\left\{\frac{k}{k\|\beta\|}y_i\left(\beta_0 + \beta_1 x_{i1} + \cdots + \beta_p x_{ip}\right)|i = 1, \dots, N\right\}$

$= min\left\{\frac{1}{\|\beta\|}y_i\left(\beta_0 + \beta_1 x_{i1} + \cdots + \beta_p x_{ip}\right)|i = 1, \dots, N\right\}$

$= M_{\beta_0,\beta}$

APÉNDICE 3

Teorema: El problema $\underset{(\beta_0,\beta)\in S}{maximize}\ M_{\beta_0,\beta}$ es equivalente al problema

$\underset{(\beta_0,\beta)\in S}{maximize}\ M_{\beta_0,\beta}$ dada la restricción $\min\{y_i(\beta_0 + \cdots + \beta_p x_{ip})|i = 1, ..., N\} = 1$.

("Equivalente" aquí significa que el primer problema tiene una solución si y solo si el segundo problema tiene una solución.)

Demonstracion: Suponga que $(\beta_0^*, \beta_1^*, ..., \beta_p^*) \in S$ es una solución a $\underset{(\beta_0,\beta)\in S}{maximize}\ M_{\beta_0,\beta}$. Vamos a escalar los beta para obtener una solución para $\underset{(\beta_0,\beta)\in S}{maximize}\ M_{\beta_0,\beta}$ dada la restricción $\min\{y_i(\beta_0 + \cdots + \beta_p x_{ip})|i = 1, ..., N\} = 1$.

Podemos escalar nuestro $\beta's$ por $k = \dfrac{1}{\|\beta^*\| M_{\beta_0^*,\beta^*}}$ para obtener una solución que tiene el mismo máximo $M_{\beta_0^*,\beta^*}$ y satisface la condición $\min\{y_i(\beta_0 + \cdots + \beta_p x_{ip})|i = 1, ..., N\} = 1$.

$$\min\{y_i(k\beta_0^* + k\beta_1^* x_{i1} + \cdots + k\beta_p^* x_{ip})|i = 1, ..., N\}$$

$$= k\,\min\{y_i(\beta_0^* + \beta_1^* x_{i1} + \cdots + \beta_p^* x_{ip})|i = 1, ..., N\}$$

$$= k\|\beta^*\| M_{\beta_0^*,\beta^*}$$

$$= \frac{1}{\|\beta^*\| M_{\beta_0^*,\beta^*}} \cdot \|\beta^*\| M_{\beta_0^*,\beta^*}$$

$$= 1.$$

Entonces $(k\beta_0^*, k\beta_1^*, ..., k\beta_p^*)$ satisface la restricción. Tambien sabemos que $(k\beta_0^*, k\beta_1^*, ..., k\beta_p^*)$ maximiza $M_{\beta_0,\beta}$ sobre todos los elementos en S que satisfacen la restricción porque $M_{k\beta_0^*,k\beta^*} = M_{\beta_0^*,\beta^*} \geq M_{\beta_0,\beta}$ para todos $(\beta_0,\beta) \in S$ que satisfacen la restricción. Entonces, $(k\beta_0^*, k\beta_1^*, ..., k\beta_p^*)$ es una solución para

$\underset{(\beta_0,\beta)\in S}{maximize}\ M_{\beta_0,\beta}$ dada la restricción $\min\{y_i(\beta_0 + \cdots + \beta_p x_{ip})|i = 1, ..., N\} = 1$.

Ahora, suponga que (β_0^+, β^+) es una solución para

$\underset{(\beta_0,\beta)\in S}{maximize}\ M_{\beta_0,\beta}$ dada la restricción $\min\{y_i(\beta_0 + \cdots + \beta_p x_{ip})|i = 1, ..., N\} = 1$.

Mostraremos que (β_0^+, β^+) es una solución para $\underset{(\beta_0,\beta)\in S}{maximize}\ M_{\beta_0,\beta}$. Tenemos que mostrar $M_{\beta_0^+,\beta^+} \geq M_{\beta_0,\beta}\ \forall (\beta_0,\beta) \in S$.

Deja que $(\beta_0,\beta) \in S$. Deja que $k = \dfrac{1}{\|\beta\| M_{\beta_0,\beta}}$.

$\implies (k\beta_0, k\beta)$ satisfice $\min\{y_i(\beta_0 + \cdots + \beta_p x_{ip})|i = 1, ..., N\} = 1$

$\Rightarrow M_{\beta_0^+,\beta^+} \geq M_{k\beta_0,k\beta}$ porque (β_0^+,β^+) es una solución al problema constreñido.

$\Rightarrow M_{\beta_0^+,\beta^+} \geq M_{\beta_0,\beta}$ porque $M_{k\beta_0,k\beta} = M_{\beta_0,\beta}$

APÉNDICE 4

Deja que los siguientes problemas sean llamados (1) y (2):

(1) $\underset{(\beta_0,\beta)\in S}{minimize}$ $\quad \frac{1}{2}\|\beta\|^2$ dada la restricción $\min\{y_i(\beta_0 + \cdots + \beta_p x_{ip})|i = 1, \ldots, N\} = 1$

(2) $\underset{(\beta_0,\beta)\in S}{minimize}$ $\quad \frac{1}{2}\|\beta\|^2$ dada la restricción $\min\{y_i(\beta_0 + \cdots + \beta_p x_{ip})|i = 1, \ldots, N\} \geq 1$

Teorema: Problema (1) es equivalente al problema (2).

Demonstracion: Suponga que $(\beta_0^+, \beta^+) \in S$ es una solución para (2).

Deja que $k = \dfrac{1}{\|\beta^+\| M_{\beta_0^+,\beta^+}}$.

Entonces, $\min\{y_i(k\beta_0^+ + \cdots + k\beta_p^+ x_{ip})|i = 1, \ldots, N\}$

$= k \min\{y_i(\beta_0^+ + \cdots + \beta_p^+ x_{ip})|i = 1, \ldots, N\}$

$= \dfrac{1}{\|\beta^+\| M_{\beta_0^+,\beta^+}} \cdot \|\beta^+\| M_{\beta_0^+,\beta^+}$

$= 1.$

Deja que $(\beta_0, \beta) \in S$ tal que $\min\{y_i(\beta_0 + \cdots + \beta_p x_{ip})|i = 1, \ldots, N\} = 1$

$\implies \min\{y_i(\beta_0 + \cdots + \beta_p x_{ip})|i = 1, \ldots, N\} \geq 1$

$\implies \frac{1}{2}\|\beta^+\|^2 \leq \frac{1}{2}\|\beta\|^2$

Ahora,

$$\frac{1}{2}\|k\beta^+\|^2 = \frac{1}{2}k^2\|\beta^+\|^2 = \frac{1}{2}\frac{1}{(M_{\beta_0^+,\beta^+})^2\|\beta^+\|^2}\|\beta^+\|^2 = \frac{1}{2}\frac{1}{(M_{\beta_0^+,\beta^+})^2}$$

$$= \frac{1}{2}\frac{1}{\frac{1}{\|\beta^+\|^2}\min^2\{y_i(\beta_0^+ + \cdots + \beta_p^+ x_{ip})|i=1,\ldots,N\}}$$

$$= \frac{1}{2}\frac{\|\beta^+\|^2}{\min^2\{y_i(\beta_0^+ + \cdots + \beta_p^+ x_{ip})|i=1,\ldots,N\}}$$

$$\leq \frac{1}{2}\|\beta^+\|^2 \quad \text{porque } \min\{y_i(\beta_0^+ + \cdots + \beta_p^+ x_{ip})|i = 1, \ldots, N\} \geq 1$$

$$\leq \frac{1}{2}\|\beta\|^2 \quad \text{porque mostramos que } \frac{1}{2}\|\beta^+\|^2 \leq \frac{1}{2}\|\beta\|^2 \text{ antemano.}$$

$\implies (k\beta_0^+, k\beta^+)$ es una solución para (1).

Ahora mostramos la equivalencia en la otra dirección.

Suponga que $(\beta_0^*, \beta^*) \in S$ es una solución para (1).

Deja que $(\beta_0, \beta) \in S$ tal que $\min\{y_i(\beta_0 + \cdots + \beta_p x_{ip}) | i = 1, \ldots, N\} \geq 1$.

Deja que $k = \frac{1}{M_{\beta_0,\beta}\|\beta\|}$. Entonces $\min\{y_i(k\beta_0 + \cdots + k\beta_p x_{ip}) | i = 1, \ldots, N\}$

$$= k \ \min\{y_i(\beta_0 + \cdots + \beta_p x_{ip}) | i = 1, \ldots, N\}$$

$$= \frac{1}{M_{\beta_0,\beta}\|\beta\|} \cdot M_{\beta_0,\beta}\|\beta\|$$

$$= 1.$$

$$\Rightarrow \frac{1}{2}\|\beta^*\|^2 \leq \frac{1}{2}\|k\beta\|^2 \quad \text{porque } (\beta_0^*, \beta^*) \text{ es una solución para (1)}$$

Ahora, $\frac{1}{2}\|k\beta\|^2 = \frac{1}{2}k^2\|\beta\|^2$

$$= \frac{1}{2}\frac{1}{M_{\beta_0,\beta}^2\|\beta\|^2}\|\beta\|^2$$

$$= \frac{1}{2}\frac{1}{M_{\beta_0,\beta}^2}$$

$$= \frac{1}{2}\frac{1}{\frac{1}{\|\beta\|^2}\min^2\{y_i(\beta_0 + \cdots + \beta_p x_{ip}) | i=1,\ldots,N\}}$$

$$= \frac{1}{2}\frac{\|\beta\|^2}{\min^2\{y_i(\beta_0 + \cdots + \beta_p x_{ip}) | i=1,\ldots,N\}}$$

$$\leq \frac{1}{2}\|\beta\|^2 \quad \text{porque } (\beta_0, \beta) \text{ satisface } \min\{y_i(\beta_0 + \cdots + \beta_p x_{ip}) | i = 1, \ldots, N\} \geq 1$$

Entonces $\frac{1}{2}\|\beta^*\|^2 \leq \frac{1}{2}\|k\beta\|^2 \leq \frac{1}{2}\|\beta\|^2$

$$\Rightarrow \frac{1}{2}\|\beta^*\|^2 \leq \frac{1}{2}\|\beta\|^2$$

$$\Rightarrow (\beta_0^*, \beta^*) \text{ es una solución para (2).}$$

APÉNDICE 5

Deja que los siguientes problemas sean llamados (1) y (2):

(1) $\underset{(\beta_0,\beta)\in S}{minimize}$ $\frac{1}{2}\|\beta\|^2$ dada la restricción $\min\{y_i(\beta_0 + \cdots + \beta_p x_{ip})|i = 1, ..., N\} = 1$

(2) $\underset{(\beta_0,\beta)\in S}{maximize}$ $\frac{1}{2}\|\beta\|^2$ dada la restricción $\min\{y_i(\beta_0 + \cdots + \beta_p x_{ip})|i = 1, ..., N\} \geq 1$

Teorema: Las soluciones a los problemas (1) y (2) dan los mismos valores máximos.

Demonstracion: Suponga que $(\beta_0^+, \beta^+) \in S$ es una solución para (2) y $(\beta_0^*, \beta^*) \in S$ es una solución para (1).

Entonces, $\frac{1}{2}\|\beta^+\|^2 \leq \frac{1}{2}\|\beta^*\|^2$ porque (β_0^*, β^*) satisface la restricción

$\min\{y_i(\beta_0 + \cdots + \beta_p x_{ip})|i = 1, ..., N\} = 1$ y entonces la restricción

$\min\{y_i(\beta_0 + \cdots + \beta_p x_{ip})|i = 1, ..., N\} \geq 1$, y (β_0^+, β^+) minimiza

$\frac{1}{2}\|\beta\|^2$ sobre todo tal (β_0, β).

$\Rightarrow$ $\quad \|\beta^+\| \leq \|\beta^*\|$

$\Rightarrow$ $\quad \|\beta^+\| \leq \frac{1}{M_{\beta_0^*,\beta^*}}$ $\quad$ porque $M_{\beta_0^*,\beta^*} = \frac{1}{\|\beta^*\|}$.

Sin embargo, $M_{\beta_0^+,\beta^+} = \frac{1}{\|\beta^+\|}\min\{y_i(\beta_0^+ + \cdots + \beta_p^+ x_{ip})|i = 1, ..., N\}$

$$\geq \frac{1}{\|\beta^+\|}.$$

Entonces $\|\beta^+\| \geq \frac{1}{M_{\beta_0^+,\beta^+}}$.

Sique que $\frac{1}{M_{\beta_0^+,\beta^+}} \leq \|\beta^+\| \leq \frac{1}{M_{\beta_0^*,\beta^*}}$

$\Rightarrow$ $\quad M_{\beta_0^*,\beta^*} \leq M_{\beta_0^+,\beta^+}$.

Nota que (β_0^*, β^*) es una solución para (1) y entonces una solución para

$\underset{(\beta_0,\beta)\in S}{maximize}$ $M_{\beta_0,\beta}$ $\quad$ dada la restricción $\min\{y_i(\beta_0 + \cdots + \beta_p x_{ip})|i = 1, ..., N\} = 1$.

Mostramos antes que una solución para

$\underset{(\beta_0,\beta)\in S}{maximize}$ $M_{\beta_0,\beta}$ $\quad$ dada la restricción $\min\{y_i(\beta_0 + \cdots + \beta_p x_{ip})|i = 1, ..., N\} = 1$

también es una solución al problema de maximización original $\underset{(\beta_0,\beta)\in S}{maximize}$ $M_{\beta_0,\beta}$.

Entonces (β_0^*, β^*) es una solución para $\underset{(\beta_0,\beta)\in S}{maximize}\ M_{\beta_0,\beta}$.

$\Rightarrow M_{\beta_0^*,\beta^*} \geq M_{\beta_0,\beta}$ por cualquier $(\beta_0,\beta) \in S$.

En particular, $M_{\beta_0^*,\beta^*} \geq M_{\beta_0^+,\beta^+}$.

$\Rightarrow M_{\beta_0^*,\beta^*} \leq M_{\beta_0^+,\beta^+} \leq M_{\beta_0^*,\beta^*}$

$\Rightarrow M_{\beta_0^*,\beta^*} = M_{\beta_0^+,\beta^+}$.

Entonces, las soluciones para (1) y (2) dan los mismos valores máximos.

ÍNDICE

www.ingramcontent.com/pod-product-compliance
Lightning Source LLC
Chambersburg PA
CBHW051755200326
41597CB00025B/4569